電気工事の工具が一番わかる

現場で使われる電気工具を徹底解説

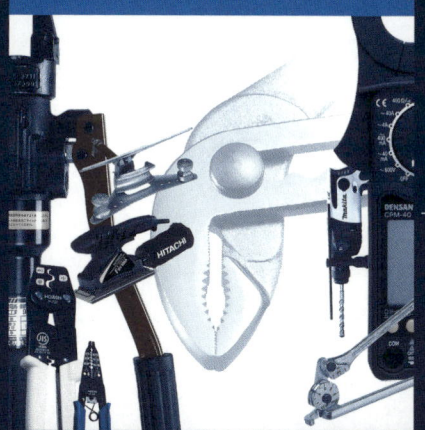

松本光春 監修

技術評論社

はじめに

　電気工事士は、都道府県知事より与えられる電気工事に関する資格です。電気工事士法により、電気工事士の資格をもっていないと、高度な電気工事には携わることができないことになっており、電気工事士は電気工事に仕事として関わろうとする人にとっては避けては通れない資格となっています。
　本書は電気工事に必要となる工具についてその用途や使い方をまとめた一冊です。ニッパ、ドライバといった身近な工具からハンマドリル、インパクトドライバといったより専門的な工具まで、様々なレベルの工具が写真やイラスト付きで見開きで解説されています。
　職業柄、普段から触れている工具も多かったのですが、中には監修である私自身触れたことのない工具もいくつかあり、はじめて知る人にもできるだけイメージをつかみやすく、わかりやすい表現になるようにお願いしました。そのため、本書は専門の方のためというよりは、むしろ初学者の方が電気工事に利用される工具について大まかなイメージをつかむための書籍だと言えます。
　また、電子回路の作成や日曜大工など、電気工事以外にも使えそうな工具も多く記載されており、私自身、思わぬ発見があったように思います。
　電気工事という仕事をするにあたり、まず、どのような道具を使うべきなのか、これから揃える電気工具の当たりをつけるための一冊として本書を利用されるとよいでしょう。また、電子回路や日曜大工の際に、必要となる道具を探すための本としても本書が利用できるかもしれません。
　本書を通して、電気工事にはじめて触れる方でも、電気工事に必要な工具のイメージをつかめればと思います。本書の記述が少しでも読者の皆様のお役に立てば幸いです。

2015 年 7 月　松本光春

電気工事の工具が一番わかる
――現場で使われる電気工具を徹底解説――

目次

はじめに……………3

第1章 電気工事と安全用品……………9
1　電気工事……………10
2　ヘルメット……………12
3　安全靴……………14
4　安全帯……………16
5　ゴム手袋……………18
6　ホルダ……………20
7　腰袋……………22
8　ヘッドランプ……………24
9　防塵メガネ、防塵マスク……………26
10　熱中症対策用品……………28

第2章 電気工事の基本工具……………31
1　電気工事の基本工具……………32
2　電工ナイフ……………34

CONTENTS

　3　圧着工具…………38
　4　ペンチ…………42
　5　ウォータポンププライヤ…………46
　6　ドライバ…………50
　7　スケール…………54

第3章　手動工具…………57

　1　ワイヤストリッパ…………58
　2　VVF線ストリッパ…………60
　3　ニッパ…………62
　4　合格クリップ…………64
　5　電工レンチハンマ…………66
　6　電工バサミ…………68
　7　ラチェットレンチ…………70
　8　面取り器…………72
　9　きり…………74
　10　金切りのこ…………76
　11　パイプカッタ…………78
　12　パイプベンダ…………80
　13　プリカナイフ…………82
　14　パイプレンチ…………84
　15　チャンネルカッタ…………86

第4章 油圧式工具……89

1　油圧式圧着工具……90
2　油圧式圧縮工具……92
3　油圧式パンチャ……94
4　油圧式パイプベンダ……96

第5章 電動工具……99

1　インパクトドライバ……100
2　ハンマドリル……102
3　電動丸のこ……104
4　ジグソー……106
5　全ネジカッタ……108
6　角穴カッタ……110
7　電動サンダ……112

第6章 切削工具……115

1　やすり……116
2　紙やすり……118
3　クリックボール……120

CONTENTS

   4 リーマ・羽根ぎり・・・・・・・・・・・・・122
   5 ホールソー・ステップドリル・・・・・・・・・・・・・124
   6 ダウンライトカッタ・・・・・・・・・・・・・126

第7章 通線工具・・・・・・・・・・・・・129

   1 ケーブルグリップ・・・・・・・・・・・・・130
   2 ケーブルキャッチャ・・・・・・・・・・・・・132
   3 ケーブルスライダ・・・・・・・・・・・・・134
   4 ハイベンダ・・・・・・・・・・・・・136

第8章 計測器・・・・・・・・・・・・・139

   1 テスタ・・・・・・・・・・・・・140
   2 クランプメータ・・・・・・・・・・・・・142
   3 絶縁抵抗計・・・・・・・・・・・・・144
   4 接地抵抗計・・・・・・・・・・・・・146
   5 高圧・低圧検電器・・・・・・・・・・・・・148
   6 三相検相器・・・・・・・・・・・・・150
   7 レーザ墨出し器・・・・・・・・・・・・・152
   8 レーザ距離計・・・・・・・・・・・・・154

CONTENTS

第9章 その他 ……………157

1 ガストーチランプ …………158
2 張線器 …………160
3 パイプバイス …………162
4 高圧用ゴムシート …………164
5 伸縮足場台 …………166
6 工具の整理と保管方法 …………168

用語索引 …………170

 コラム｜目次

発電設備と交流電気 …………30
電気工事士と電気主任技術者 …………56
JISとは …………88
パイプの太さの表し方について …………98
日本の地域と周波数 …………114
電気の発見 …………128
電球と蛍光灯 …………138
電気の単位 …………156

第1章

電気工事と安全用品

電気は私たちの生活に欠かせないものになっている一方で、
取り扱い方を誤ると非常に危険な存在となります。
本章では電気工事の専門職である電気工事士と、
彼らの身を守る道具について解説します。

1-1 電気工事

●電気工事とは

　電気は私たちの生活に最も身近なエネルギーです。照明はもとより、生活一般の家電製品、通信や情報処理など、私たちの日常になくてはならないエネルギーとなっています。そんな電気を私たちの手元に届けるための工事が「電気工事」です（図1-1-1）。

　発電所で作られた電力は送電線を通じて運ばれ、そこから、一般住宅やマンション、オフィスや店舗、工場施設に配電されて消費されます。しかし電気の扱いには危険がともなうため、配線工事には専門の知識を持った技術者があたることになっています。その配線工事を行えるのが「電気工事士」です。電気工事士は専門的な知識と技能を有するものとして経済産業省から認定され、都道府県知事によって与えられる資格です。

　電気工事士は一種と二種に分かれています。第二種電気工事士は一般用電気工作物の作業を行うことができ、第一種電気工事士はこれに加えて500kW未満の自家用電気工作を行えます（表1-1-1）。

●電気工事では多くの工具を使用する

　電気工事は、一般家庭内の配線を行うケーブル工事、電柱から家まで電気を引く屋外配線を行う外線配線、工場内で機械の配線を行うシーケンス制御、ビルや工場で配管を行う金属管工事などに分類することができます。電気工事士に必要となる技術も工事によって様々で電線同士や電線と機器をつないだり、電線を管に通したり、それにともない穴をあけたり、材料を切断したりするなど多くの技術が求められます。

　様々な作業にはそれに適合する工具があります。工具を使うタイミングや使い方を把握し、安全に気を付け効率よく作業を行うことが必要です。

図 1-1-1 電気工事の施工例

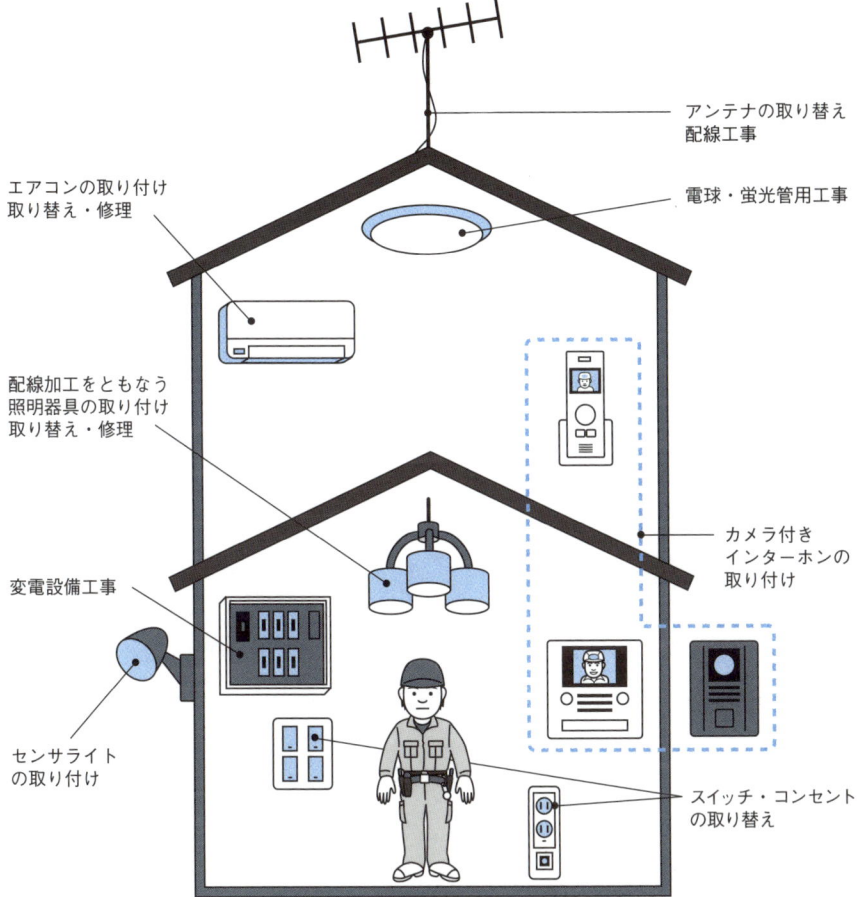

表 1-1-1 電気工事士の一種と二種の違い

第一種電気工事士	
最大電力 500kW 未満の自家用電気工作物（工場、ビルなどの電気設備）	第二種電気工事士
	一般用電気工作物（住宅、小規模な店舗などの電気設備）

ヘルメット

●産業用保護帽

　電気工事をはじめ多くの工事現場は様々な危険に満ちています。作業中の事故は一歩間違えれば生命を落としかねません。ヘルメットはそんな施工現場の作業員の頭部を保護することで、事故を未然に防ぐ重要な保護具です。
　作業用のヘルメットで国家規定を通過したものは正式には「産業用保護帽」と呼ばれ、作業現場の落下物をはじめ不測の事態から作業員の頭部を守る役割を担っています。

●ヘルメットの構造

　ヘルメットは大きく「帽体」、「着装体」、「あご紐」と呼ばれる部分からできています（図 1-2-1）。
　「帽体」はヘルメットの外部の合成樹脂などでできた部分で、落下物や、外部からの物理的衝撃を防ぐ働きをもっています。
　「着装体」は保護帽を着用者の頭周サイズに合わせて着用させる「ヘッドバンド」、帽体部分に受けた衝撃を吸収し和らげる「ハンモック」などの衝撃緩衝材からできています。帽体とハンモックのあいだに発泡スチロールなどの衝撃吸収物が入っている場合もあります。
　ヘルメットを着用者にしっかり着用させる機能をもつのが「あご紐」です。あご紐をゆるみなく締めることで、強い衝撃にもヘルメットがずれることがなくなり頭部の保護能力も一層高くなります。

●ヘルメットの安全基準

　ヘルメットには厳しい検定試験法があり、飛来・落下物用、墜落時保護、電気用などの厳密な検定が施されています（表 1-2-1）。
　それぞれの検定試験に合格した証としてヘルメット内部には「労・検ラベル」が貼り付けられ、型式・検定取得年月、検定合格番号、製造者名、製造

年月、検定区分が表記されています。

　また、ヘルメットにはメーカーや加工業者の社名やロゴマークを入れることが多く、本人を特定するために氏名、さらに事故に際しての怪我を想定して血液型を書いておくことも多いです。

図 1-2-1　ヘルメットの構造

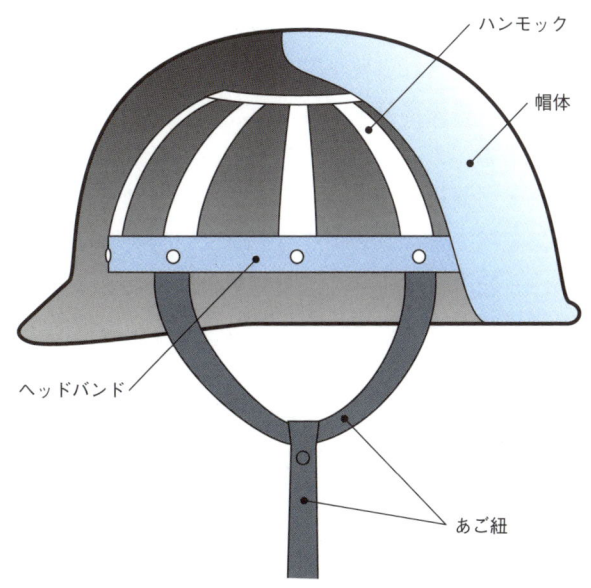

表 1-2-1　ヘルメットの検定試験

種類	試験	試験方法
飛来・落下物用	衝撃吸収性試験	5kgの半球を1mの高さから自由落下させる
	耐貫通性試験	3kgの円錐（先端角度60°）を1mの高さから自由落下させる
墜落時保護用	衝撃吸収性試験	5kgの平板を1mの高さから自由落下させる
	耐貫通性試験	1.8kgの円錐（先端角度60°）を0.6mの高さから自由落下させる
電気用	絶縁試験	帽体の縁3cmを残して水に浸し、内外より20kVの電圧を1分間印加する

1-3 安全靴

●安全靴の概要

　安全靴は主に工事現場や工場など重い機械や部品を扱う現場で足部を危険から保護するために使用される靴を言います。足部の保護としては、重量のあるものの落下からつま先部分を守り、釘や突起物の踏み抜きを防ぐことを主な目的としています。このため一般の靴では柔軟で軽量な素材で作られている先芯や中底などに鋼板が施されていることが一般的です（図1-3-1）。

　長靴、半長靴、短靴タイプ、スニーカータイプなど作業目的に合わせて種類も豊富ですが、一般の靴に比べて頑丈で重みがあるものがほとんどで履き心地はあまりよくありません。そのため中敷きを敷くなどして調整しています。

　また、作業目的や用途に応じて様々な安全靴があります。電気工事の現場では導電性の低い素材を使った安全靴が使われることがほとんどです。現場の作業環境や作業内容に合わせた安全性の高い安全靴を選び、安心して快適な作業ができるようにしましょう。

　最近ではファッション性にあふれた安全靴も増えてきましたので、選択の幅も広がりましたが、作業目的に合わせた適切な安全靴を履いて安心で安全な作業ができることが最も重要です。

●機能と安全性

　JISにより材質や安全性など厳重な規格が定められています。また、労働安全衛生法により安全靴着用の義務などが定められており、ヘルメットとともに作業現場で着用される安全保護具としては重要なもののひとつとなっています。

　JISでは安全靴に対し、作業区分や材質によって異なる規格が定められています。これは作業環境に適合した安全靴を選んで作業効率を維持するためです。電気工事の現場に応じて、作業しやすく、また規格に適した靴を選び

ましょう（表1-3-1）。

　特に電気工事においては、先芯部分の強度や踏み抜き対応、それに電気回路などを踏んでしまっても感電する率が低い絶縁底の有無などが重要になります。

図 1-3-1　安全靴の構造

スポンジクッション
鋼製先芯
インソール
ミッドソール
アウトソール

表 1-3-1　安全靴の分類

分類		重作業用	普通作業用	軽作業用
記号		H	S	L
耐圧迫性	圧迫荷重（kN）	15±0.1	10±0.1	4.5±0.04
耐衝撃性*	衝撃エネルギー（J）	100±2	70±1.4	30±0.6
	落下高さ（cm）	51	36	15
	ストライカ質量（kg）	20±0.2		
表底のはく離抵抗		300N 以上		250N 以上

*中底と先芯のすきま（耐衝撃性試験時）	サイズ（cm）	すきま（mm）
	23.0 以下	12.5 以上
	23.5～24.5	13.0 以上
	25～25.5	13.5 以上
	26～27	14.0 以上
	27.5～28.5	14.5 以上
	29 以上	15.0 以上

安全帯

●安全帯とは

　安全帯とは高いところや転落の危険のある場所で使用する命綱付きベルトのことです。構造は命綱としてのロープと支柱に固定するためのフック、フックとロープを人体に縛り付けるベルトからなっています。

　命綱としてのロープばかりでなく、人体の落下を防ぐためのベルトも含めて「安全帯」と呼ばれるようになりました。

●安全帯装着の必要性

　東京タワーの建築当時、高所での作業にもかかわらず、作業員たちは安全帯もなく作業にあたっていました。当時の建設現場は危険な仕事場と言われ、命がけの仕事と思って頑張っていました。建設関連の仕事現場はある程度の危険は当たり前であり、労働災害の最も多い現場と思われていたのです。しかし、建設現場の工事でも様々な配慮を重ねれば労働災害は防げると考えられるようになりました。

　そのような風潮の中で制定されたのが労働安全衛生法（昭和47年6月）と同法省令の労働安全衛生規則（同年9月）です。これらの法整備により建設現場の安全性を維持する姿勢が明確化され、工事現場の墜落防止の考えが徹底され、安全帯ほか今日必要な装備の使用が求められるようになったのです。そして工事現場は安全第一でなくてはならなくなりました。

●安全帯の種類

（1）一本吊り（胴ベルト型）

　胴体に巻くベルトにロープを接続しただけのシンプルで基本的な安全帯です。現在日本で最も広く使われています。ロープ、開閉式のフック、胴ベルト、ロープ収納袋、ベルト金具などからできています（図1-4-1）。

(2) 一本吊り（ハーネス型）
　胴体部分だけでなく腿や肩などにもベルトを通し、全身を保護する安全帯です。

(3) U字吊り（胴ベルト型）
　主に電柱作業などのときに柱上作業を行ううえで、体と柱をU字でつなぎ転落しないようにする安全ベルトです（図1-4-2）。ロープを柱に回して長さを調節し安全確保を行う安全帯です。

図 1-4-1　一本吊り安全帯

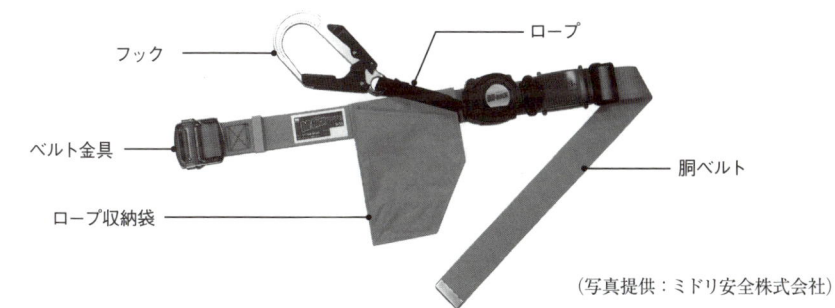

（写真提供：ミドリ安全株式会社）

図 1-4-2　U字吊り安全帯の使用例

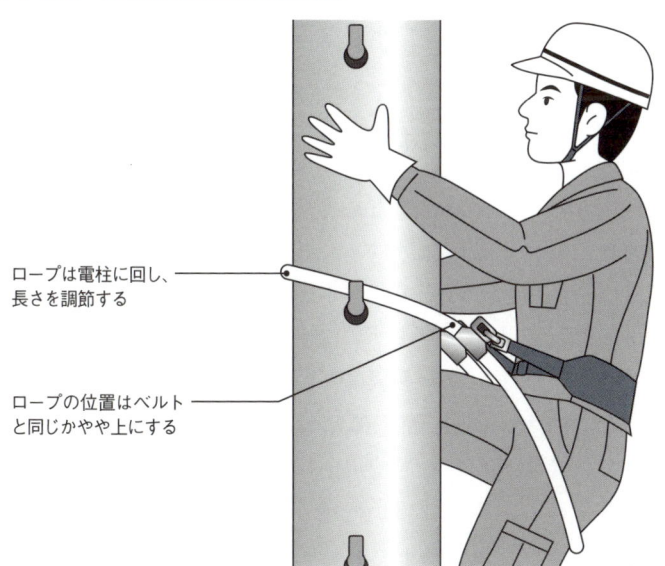

1-5 ゴム手袋

●電気工事用の手袋

　作業用の手袋は様々あります。野球選手がバッターボックスでバットを握るとき、ゴルフ選手がクラブを握るとき、工事現場で機械の操作をするとき、それぞれの現場でそれぞれの作業用手袋があるものです。それらの作業場で使われる用途の多くは手の保護または滑り止めです。

　電気工事の現場では、細かな部品を扱うこともあって素手で作業にあたったほうが効率的なのではないかと思うこともあります。しかし、電気工事の工具の使用には力が必要なものも多いので手元の滑りが気になります。また、金属類を扱ったり切断したりすることが多いので、それらの資材のするどい切断面から手を保護することも必要です。

　それらのためだけなら、単純に軍手、または一般的に使われる、手の平にあたる部分にストッパーが付いた作業用手袋でも十分なはずです。

　しかし、それでは電気工事用の手袋としての安全性が十分ではありません。電気工事用作業手袋にとってもうひとつ重要な要素が手袋の絶縁性なのです。

●ゴム手袋の必要性

　電気工事の仕事で最も気にかけなくてはいけないのが感電です。電気工事は絶えず強い電流の流れる中で作業をする必要があります。そんな中で、一瞬でも強い電流に触れたら、生命の保証はありません。感電は電気工事の現場に常についてまわる労働災害なのです（図1-5-1）。

　電気工事で使用するゴム手袋には低圧用と高圧用があります（図1-5-2）。労働安全衛生規則により、低圧用ゴム手袋は「低圧の充電電路の点検作業を行う場合」、高圧用ゴム手袋は「高圧充電部に接近して作業を行うとき」に着用すると規定されています。どちらも使用前には損傷やゴムの劣化がないことを確認します。さらに、手袋を袖口から巻き込んで空気を貯め、空気が漏れていないかを確認する「空気テスト」も確実に行いましょう。また、高

圧用ゴム手袋は損傷を防ぐために保護手袋を上からかぶせます。

図 1-5-1　感電には常に注意をしなければならない

一瞬でも強い電流に生身で触れれば死亡事故になりかねない

図 1-5-2　ゴム手袋の種類

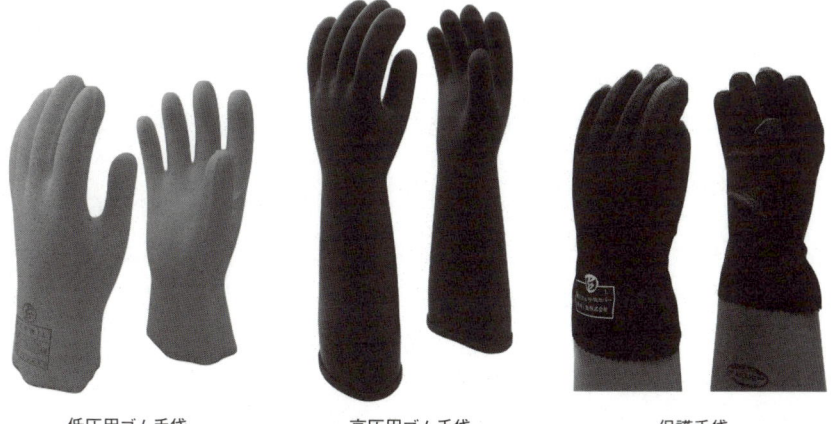

低圧用ゴム手袋　　　高圧用ゴム手袋　　　保護手袋

（写真提供：渡部工業株式会社）

1-6 ホルダ

●ホルダの役割

　電気工事の現場では実に多くの工具が使用されます。それらの工具をわざわざ工具箱に入れて持ち歩いたのでは効率もよくありませんし、身動きも取れません。そんなとき、現場の作業員たちはそれぞれの工具を腰の工具ホルダに差し込んで持ち歩き、施工現場のその場その場で必要な工具をホルダから素早く取り出して、迅速に作業を行います（図1-6-1）。

　工具ホルダは工具ごとに適合するものがあります。自分の使いやすい工具、また、仕事上よく使う工具をホルダに挿して、手に届きやすい部分に取り付けて、素早く取り出し、作業が済んだら素早く戻せるようにしましょう。取り付ける場所は使う人の好みに応じた最も使いやすい部分です。少しでも作業の手際がよくなるように取り付けて、作業を効率的にすることが大切です（図1-6-2）。

●工具ホルダの種類と選び方

　作業員それぞれの個性にあった工具の選び方と使い方があり、また作業現場によって使う頻度の多い工具もあります。それぞれの工具が少しでも取り出しやすく戻しやすい、そんな工具ホルダを見つけられれば、それだけでも作業の効率が違ってくるものです。また、作業のたびに手に触れるものでもあります。できるだけ丈夫なものがふさわしいでしょう。

　工具ホルダはほとんどが腰ベルトに通して身につけます。ペンチやドライバ、マーカやハンマ、ときには電動工具も携帯できるようなホルダもあります。最近はファッション性に富んだおしゃれなホルダも開発されて選択する喜びも生まれています。

　工具ホルダは作業中ほとんど身につけているものです。少しでも軽いものであることも選ぶ上で重要な要素のひとつになるでしょう。

図 1-6-1　ホルダ（右はハンマを入れた場合）

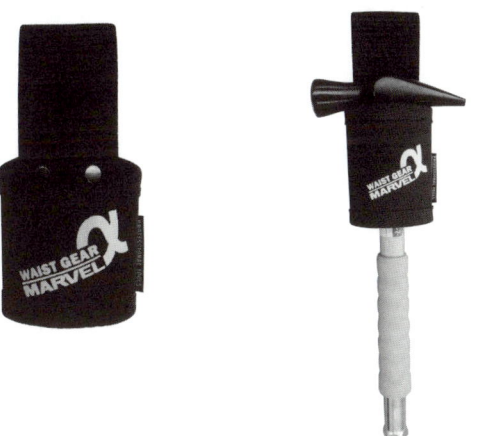

（写真提供：株式会社マーベル）

図 1-6-2　最適なホルダの使い方は人それぞれ

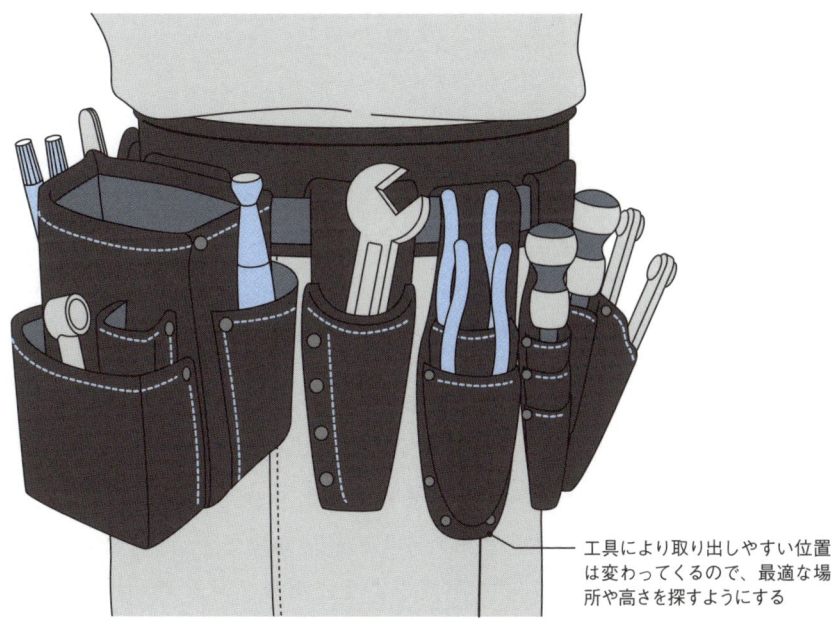

工具により取り出しやすい位置は変わってくるので、最適な場所や高さを探すようにする

21

1-7 腰袋

●腰袋の機能

　建設現場の作業では多くの道具や材料が使われます。釘やネジ、安全テープや筆記具、それらを作業中に手で持って歩くのは難しいですし、あまり効率的とも言えません。現場の作業では電気工事をはじめ、大工でも鳶でも職人達は昔から多くの資材や材料を腰回りに装着した腰袋に入れて持ち歩き、作業しながら腰袋から取り出し、それぞれに使い分けて効率的な作業ができるように工夫してきました。

　ベテランの職人になればなるほど、自分の使いやすい形に道具や材料を持ち歩くための腰袋を使って、効率的で、見事な仕事をしています。作業現場それぞれで、すぐに取り出せて的確に作業に着手できるように道具を収納する工夫がされているのです。

●腰袋の使いやすさ

　腰袋をどう使うかは、それぞれの作業員の個性で決まります。また作業現場の作業に合わせて、釘やネジが多く使われることになったり、それ以外の材料が多く使われたりと現場ごとに腰袋に入れるものは違ってくるでしょう。1種類の材料では済まず、数種類のものを持ち歩かなくてはならないこともあります。そんなときはそれぞれの現場に合わせて、いくつかの腰袋を使い分ける必要も出てくるでしょう。そういう意味では様々な用途に合わせて腰袋の使い分けをするのも作業員の腕前の一部です。

　最近はメーカーも作業員の要望に応えて様々な腰袋を開発・改良しているので好きな大きさ、好きなデザインを求めることができるようになっています。また、男臭い職人仕事と思われがちの建設現場ですが、ファッショナブルで軽く使いやすい腰袋も多く出回るようになっています。図1-7-1に例としていくつかの腰袋を紹介していますが、それぞれのメーカーから多くの種類の腰袋が発売されています。現場や仕事に応じて作業効率を上げていける

ように、材質やサイズなどをよく確認して少しでもよい腰袋を選ぶ姿勢が大切です。

　なお、腰袋には工具用ホルダが付いて工具が収まるようになっているものも多く、使い勝手のよいものも多くなっています。

図 1-7-1　いろいろな腰袋

ポリエステル帆布を使用することで、柔らかい手触りで体にフィットする

（写真提供：株式会社マーベル）

薄型なので狭い作業場でも移動の邪魔にならない

（写真提供：ジェフコム株式会社）

ターポリン生地を使用し、こすれやぶれ、水、汚れに強い

ポリ塩化ビニル生地なので汚れがつきにくい

（写真提供：フジ矢株式会社）

1-8 ヘッドランプ

●ヘッドランプの効果

　作業中に使う作業灯は大きく分けて3つあります。頭部に付けて使うものをヘッドランプ（ヘッドライト）、手に持って使うものを懐中電灯（ハンドランプ）、どこかに置いて使うものを設置灯と言います（図1-8-1）。どれも暗いところで作業対象を照らしだすという目的は同じです。

　夜間や坑内などの暗いところ、部分的に光を当てなくてはいけないような作業の現場では、手に持つ明かりより頭に装着するタイプの明かりを使った方が作業もしやすいです（図1-8-2）。

　ヘッドランプは、リング状にした平紐やゴム紐のベルトで頭部に直接巻きつけるか、固定具でヘルメットに固定して使用することがほとんどです。ヘルメットに装着して視線と同じ方向に明かりを固定することで、目的物、対象物を的確に照らし出し、両手を自由に使うことができるようになるため、作業効率も上がりとても便利です。

●ヘッドランプの種類と選び方

　電源に乾電池を、光源に白熱電球を使用した従来からのもののほか、近年では低温下でも性能の劣化が少ないリチウム電池と、消費電力の少ない発光ダイオード（LED）を使用したものが増えています。発光ダイオードを使用したものは電池の消費量も少なく軽量化にも効果的で、実灯時間も長くなり、今後のヘッドランプの主流になっていくものと思われます。

　充電式のヘッドランプや防水性に優れたもの、灯りの角度を調整したり、調光機能が加わったものもあってとても便利になっています。近年は軽さや機能ばかりではなくファッション性も選択の大きなポイントになってきています。

　電気工事の現場は細かな作業のことも多く、手元を照らしたり、逆に広く照らしたりと求められる機能は様々です。それぞれの作業現場の状況に最も

ふさわしいヘッドランプを選ぶようにすることが、作業効率を考える上で欠かせません。

図 1-8-1　ランプの種類

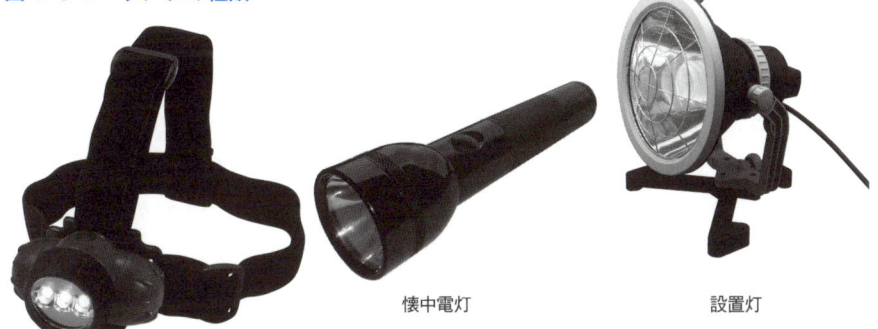

ヘッドランプ　　　　懐中電灯　　　　　　　　　　設置灯

（写真提供（ヘッドランプ、設置灯）：ジェフコム株式会社）

図 1-8-2　ヘッドランプを使った作業

頭部に取り付けることで両手が自由に使える

電線やケーブルの接続には確実な作業が求められるので、手元を明るく照らすことは必要不可欠である

1-9 防塵メガネ・防塵マスク

●防塵メガネ・防塵マスクの必要性

　電気工事の現場では埃の立つ環境になることがしばしばあります。また、地下や壁の中などの狭い空間で作業にあたることもあります。込み入った作業現場で視界の保護は的確な作業のために不可欠です。防塵メガネで視界を確保することは安全でスムーズな作業のために欠かせません。

　また、建設現場の労働災害として長く問題になってきたのが「塵肺」です。塵肺は作業現場でちりや埃を吸い込んでいるうちに発症します。防塵マスクを使うことでちりや埃の吸い込みに対応することができます。

●防塵メガネ

　日本工業規格（JIS）では防塵メガネについて飛来物に対して目の安全を守り、作業によって疲労が起きないよう規格を設けています。耐衝撃性については22mm・44gの物体を1.3mほどの高さから落としても傷付かず、85％以上の透明度をもつことになっています。またレンズの品質にも規格を設けることで、視力低下や目の疲労を防いでいます。形も一枚レンズのスペクタクル形、メガネなどに装着するフロント形、眼部全体を覆うゴーグル形など豊富です（図1-9-1）。

●防塵マスク

　「塵肺」は0.2〜0.5μmほどのちりや埃が肺に沈着することで引き起こされます。防塵マスクはそれらの労働災害を防ぐ意味でも粉塵の多い作業現場では必要不可欠な安全衛生保護具です（図1-9-2）。

　防塵マスクには国家規定があり、それぞれの作業現場でふさわしい規格の防塵マスクが存在します。粒子捕集効率が80.0％以上、95.0％以上、99.9％以上の3段階に分類され、それぞれ使い捨て式と取替え式の2種類に区別されます（表1-9-1）。

いずれのマスクも酸素濃度が18％以上の環境下でしか使用してはならず、作業中に呼吸が苦しくなるようなもの、顔面に十分フィットしないものは安全な作業にさしさわります。作業現場の状況に応じた規格の使いやすい防塵マスクを選んで、快適な作業を心がけてください。

図 1-9-1　防塵メガネ

スペクタクル形　　　　フロント形　　　　ゴーグル形
（写真提供：ミドリ安全株式会社）

図 1-9-2　防塵マスク

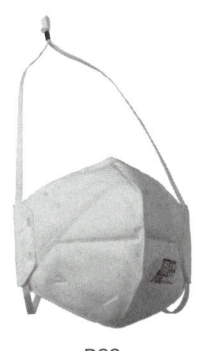
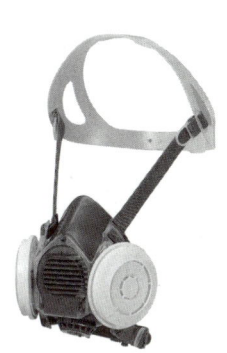

DS2　　　　RL3　　　　（写真提供：株式会社重松製作所）

表 1-9-1　防塵マスクの分類

マスクの方式	試験粒子と捕集効率 固体の塩化ナトリウム(NaCl)を用い測定 (S)	液体のフタル酸ジオクチル(DOP)を用い測定 (L)	粒子捕集効率	
使い捨て式防じんマスク（D）	DS 1	DL 1	区分1	80.0%以上
	DS 2	DL 2	区分2	95.0%以上
	DS 3	DL 3	区分3	99.9%以上
取替え式防じんマスク（R）	RS 1	RL 1	区分1	80.0%以上
	RS 2	RL 2	区分2	95.0%以上
	RS 3	RL 3	区分3	99.9%以上

マスクには DS1 から RL3 までの区分が書かれているので、環境に応じてマスクを選択する

1-10 熱中症対策用品

●熱中症の原因は

　電気工事のように体力を使う作業が中心の仕事で注意しなければならないのが熱中症です。熱中症は気温の上昇に身体が十分な対応をできなくなったときに起きるものです。そのため、盛夏のころばかりではなく、急激に気温が上昇した初夏や、真夏の日差しや暑さから解放されてほっとした秋口、それ以外でも思ってもいない時期に発症してしまうことがあります。

　電気工事士の作業は屋内外を問わない様々な現場での作業になります。それぞれの環境の変化に敏感に対応して熱中症にならないように気を付ける必要があります。

　熱中症は発汗や皮膚温度での体温調整ができずに体温が上昇すると発症します。熱中症は、環境と本人の体調の両方に原因があると言われています。熱中症になりやすい環境とは、気温の高さはもちろんですが、体温を下げようとする発汗によっても十分に体温が下がらないようなとき、たとえば、風が弱い、湿度が高いなど汗の蒸発がしにくい環境のことです。さらに本人が過労や睡眠不足、二日酔いなど体調が不十分で発汗が十分でないときなど、熱中症はこのような上がりすぎた体温が下がらなくなることで起こります（図1-10-1）。

●熱中症対策グッズ

　熱中症対策グッズは様々です。大きく分けると体温が上がりすぎないようにするものと、汗で失った水分・塩分を補うもののふたつになります。熱中症は急激に気温が上昇したときが最も危険です。気温の上昇に体温がついていけるように、直射日光を避けたり、頭部や首を冷やしたり、冷却材を身につけたりすることが直接的な熱中症予防になります。

　また体温の上昇にともない、発汗作用も激しくなります。汗のかきすぎで体内の水分が少なくなって脱水症状になるのは熱中症の直接的な症状です。

汗で少なくなった体内の水分を補うこと、さらに汗のもうひとつの成分である塩分を補給することも熱中症の対策になります（図 1-10-2）。

図 1-10-1　熱中症の原因

図 1-10-2　熱中症対策グッズ

体温の上昇を抑える	水分・塩分補給
・日よけ ・冷湿布 ・冷却ベスト ・コンパクトファン	・スポーツドリンク ・塩飴

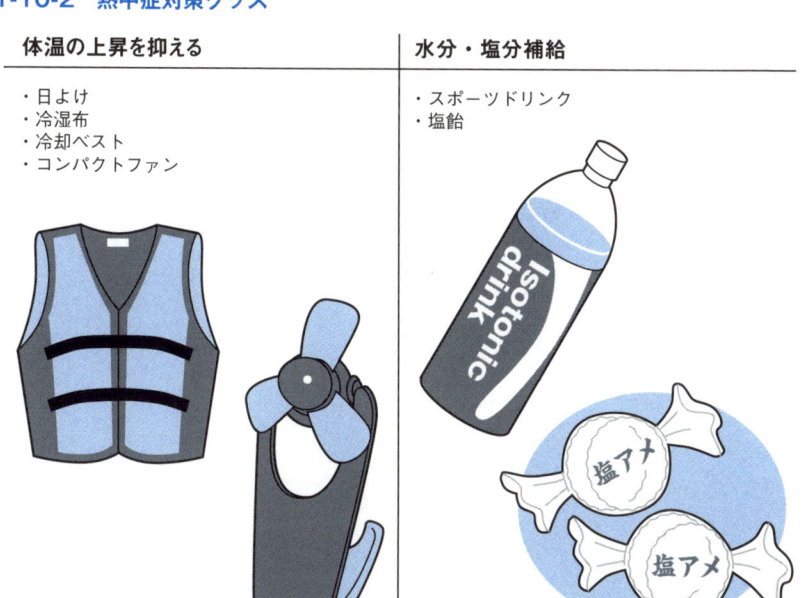

❗ 発電設備と交流電気

　現在の日本で一般家庭へ送られる電流は交流です。交流の電流は交流発電機で作られ一般家庭に送られます。発電所の交流発電機の基本的な構造は共通です。発電装置は、火力でも水力でも、原子力でも風力でも同じです（太陽光発電は別です）。

　発電機は固定された永久磁石の磁界中で、導線のコイルを激しく回転させることで発電しています。水力発電の場合は水の流れで、火力発電や原子力発電、地熱発電は水蒸気で、風力発電は風車を回転させる風力でコイルを回転させています。

　コイルが磁場の中を回転すると、コイルを貫く磁束が変化し、発生する起電力の大きさが変化します。また、コイルを貫く磁束の向きも変化するので、起電力の向きも変化します。結果として、発生する起電力は時間とともに周期的に向きが変化します。これを交流と言います。交流の波形は通常、正弦波です。特に正弦波の交流であることを明示するために正弦波交流と呼ぶこともあります。

　正弦波交流の周期的なパターンが繰り返されるのにかかる時間を周期と言います。また、1秒間にその周期が繰り返される回数を周波数と言い、Hz（ヘルツ）で表します。家庭用電源には、50Hzと60Hzの交流が用いられていますが、これは、それぞれ1秒間に50回、60回振動していることを意味します。

　日本向けの家電製品はこの交流電流のサイクルに合わせて作られています。また、蛍光灯などはこのサイクルに合わせて、明るくなったり暗くなったりしています。しかし、そのサイクルがあまりに短期間なため私たちの目には光り続けているように見えています。

第2章

電気工事の基本工具

電気工事に利用される工具には
7つの基本的な工具があります。
それらは、電気工事士試験の技能試験でも
指定工具とされており、
基本であるがゆえに
使い方には工事士の腕のよさが表れます。
本章では電気工事で基本となる
7つの工具について説明します。

2-1 電気工事の基本工具

●基本の7つ道具

　どんな仕事にも基本的な道具がいくつかあるものです。電気工事士が扱う工具には多くの種類がありますが、基本と言われる工具は7つです。電気工事の7つ道具は電気工事の基本になる作業を行うためのものであり、それぞれの用途に合わせて使い分けます。

　電気工事の7つ道具といわれるものはペンチ、電工ナイフ、圧着工具、ドライバ（マイナス・プラス）、ウォータポンププライヤ、スケール（メジャー、巻尺）で、電気工事士技能試験の指定工具にもなっています（表2-1-1）。これとは別にプラスとマイナスのドライバを1組と考え、ニッパを付け加えて7組とする場合もありますが、これらの工具で電気工事の基本的な作業がほとんどこなせるのです。

　これら7つの工具を工具箱に入れて保管、移動し、作業現場では携行用のホルダ（1-6参照）に挿して身に着け、作業にあたります。これらの「電工7つ道具」をしっかり使いこなすことで一人前の電気工事士として現場で立派に作業ができるようになるのです。

　一人前の工事士として工具の手入れには万全の注意を払い、いつでも仕事がこなせるように準備しておくことが大切です。

●7つ道具でできること

　電気工事士の7つ道具をそれぞれ見てみると、電気工事が、電線を「切る」（ペンチ、ニッパ）、「剥く」（電工ナイフ）、「つなぐ」（圧着工具）、ネジやボルトを「外す」「着ける」（ドライバ、ウォータポンププライヤ）、それらを「測る」（スケール）の6つの行為を基本にしていることがわかります。

　これらの行為を通じて高圧で危険をともなう電気を利用者の元に安全に引き入れ、屋内配線を通じて事故なく様々な電気機器を利用できるようにするのが電気工事士の役割なのです。その意味では、電気工事士の仕事は私たち

の毎日の生活にとても身近で欠かせない仕事だと言えます。

それぞれの作業をスムーズに的確にこなすために工具の基本的な特性と正確な使用法を身に着け、効率的で安全な施工ができるように心がけましょう。

表 2-1-1　電気工事の 7 つ道具

役割	外観	名称
切る		ペンチ
剥く		電工ナイフ
つなぐ	（上 3 点写真提供：ホーザン株式会社）	圧着工具
外す 着ける		マイナスドライバ
	（上 2 点写真提供：フジ矢株式会社）	プラスドライバ
	（写真提供：ホーザン株式会社）	ウォータポンププライヤ
測る	（写真提供：ジェフコム株式会社）	スケール

2・電気工事の基本工具

33

2-2 電工ナイフ

●電工ナイフとは

　電工ナイフは電線など線材加工用のナイフで、刃が分厚く鉈のような形状をしたナイフです。かつては電気工事が行われる電柱上や配電盤内など身動きしづらい状況に合わせ、工具ベルトに収納できる折りたたみ式が主流でした（図2-2-1）。最近は機能性を重視して、工具ベルトに直接挿せる鞘付きのものも人気が高まっています（図2-2-2）。

　電工ナイフもナイフである以上、切れ味は大事ですが、あくまでも電線の被覆剥きをするナイフであるため、電線の心線を傷付けないよう、切れ味を抑えることも多々あります。手入れをする際も、人によっては研ぎ方を控えめにする人もいるようです。電線の被覆を剥くという目的に合わせた手入れが必要という意味で通常のナイフと少し異なることに注意が必要です。

●電工ナイフの構造

　線材加工では主に電工ナイフの刃の中央から手元にかけて用います。電工ナイフには折りたたみ式のものと折りたたみのできない鞘付きのものがあり、刃付は片刃のものも両刃のものもありますが、最近は多くのものが両刃です。刃は十分な硬度と電線の心線を傷付けない適当な切れ味が必要です。

　ナイフ自体は持ちやすく、手のひらに収まるほどの大きさです。折りたたみ式のナイフは刀身がライナ（持ち手のベースになる金属板）にすっぽり収まらず、刀身のミネにある刃を取り出すときのネイルマーク（爪をかけるためのくぼみ）が大きくはみ出しているものも多いです。持ち手の部分には木やプラスチックなどが用いられ、刃の材質にはステンレスや特殊鋼、炭素鋼などが用いられます。落下防止用に持ち手の端にストラップ用の穴が付いたものや鞘付きのものでは安全のためロック機能が付いたものも存在します。

　なお、電工ナイフは必ずしも絶縁性があるものばかりではないため、電気が流れているような箇所で利用する際には感電のリスクがあることに注意が

必要です。

図 2-2-1　電工ナイフ（折りたたみ）

ネイルマーク

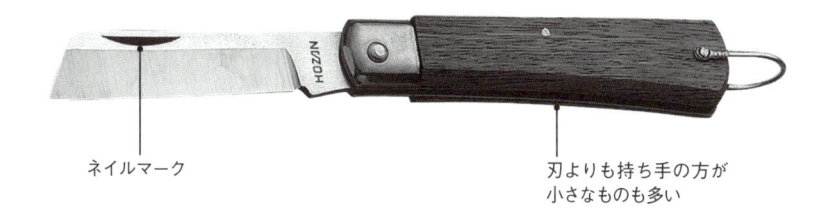

刃よりも持ち手の方が小さなものも多い

（写真提供：ホーザン株式会社）

図 2-2-2　電工ナイフ（鞘付き）

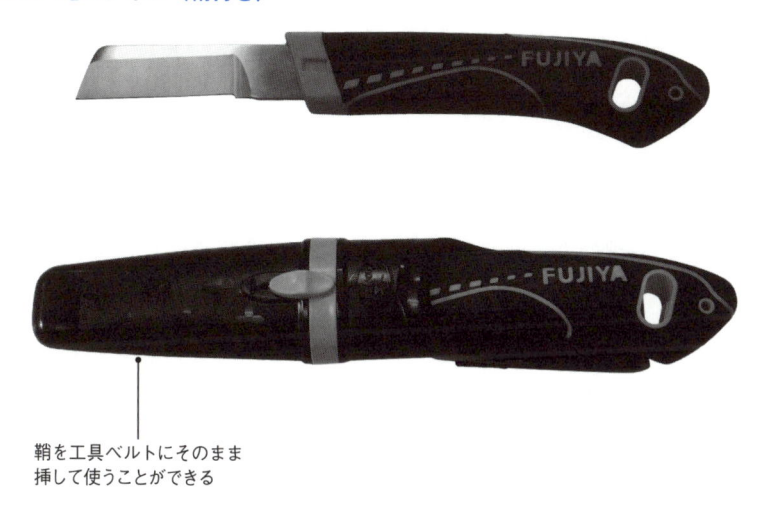

鞘を工具ベルトにそのまま挿して使うことができる

（写真提供：フジ矢株式会社）

2・電気工事の基本工具

35

●ケーブルの外装に切り込みを入れる

　電線は一般に電気を通す導体を絶縁体で覆ったものを指します。さらにその電線に外装被覆を施したものがケーブルです。ケーブル内の電線は1本のものから数本のものまであります。そのケーブルの外装を剥がす際に電工ナイフが使われます。まず、ケーブルの外装を剥き出す長さを決め、ケーブルに電工ナイフの刃を当てて切り込みを入れます（図2-2-3）。このとき、電線の心線に傷が付かないよう切り込みを入れすぎてはいけません。ケーブルの外装に対して、電線に達しない程度の切れ目を入れる意識で切り込みを入れます。必要以上に強く刃を入れてしまい、電線の心線に傷が付いてしまったらその電線は使いものになりません。

　電工ナイフの切れ味をあえて抑える人がいるのは、切れ味がよすぎて電線の心線に傷を入れてしまうことを防ぐためだと言えます。

●外装を剥き取る

　外装に切り込みが入ったら、切り込みの部分を折り曲げ外装を剥き取ります。手で剥ぐのが難しいようであれば、ペンチなどを用いて剥き取ってもよいでしょう。電線はある程度折り曲がることには強く作られていますので、強く折り曲げても中まで切れるということはありません。切れ目が入ったケーブルの外装は簡単に抜き取ることができるようになります。

●ケーブルに縦に切れ目を入れる

　ケーブルの種類によっては、外装に切り込みを入れただけでは上手く外装を剥ぎ取ることができない場合があります。その時は、切り込みを入れたところからさらに縦に電工ナイフで切れ目を入れて外装を抜き取ります（図2-2-4）。そしてケーブルの中の電線を剥き出しにして、次の工程に移れるようにばらしておきます。

●電線の絶縁体の剥ぎ取り

　電線の心線の回りにある絶縁体の剥ぎ取りは今ではワイヤストリッパ（3-1参照）が主に使われていますが、かつては電工ナイフにより鉛筆を削るよう

に絶縁体を剥がしていました。多くの場合はワイヤストリッパを使用できますが、短い電線の場合はワイヤストリッパが使えないので電工ナイフで剥ぎ取りを行う必要があります。そのような場合に備えて絶縁体の剥ぎ取りもできるように練習しておくとよいでしょう。

図 2-2-3　電工ナイフでケーブルに切り込みを入れる

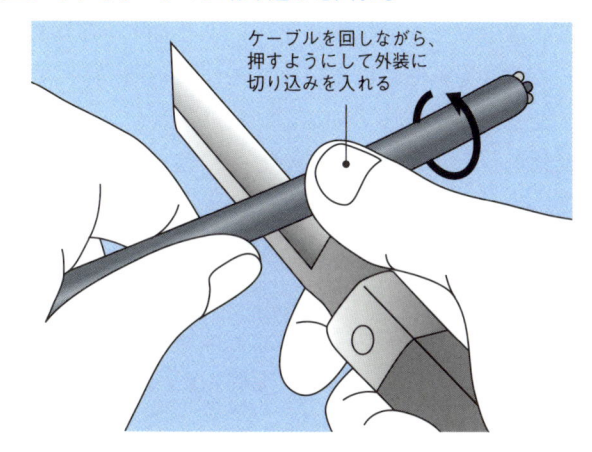

図 2-2-4　縦に切れ目を入れる場合の電工ナイフの使い方

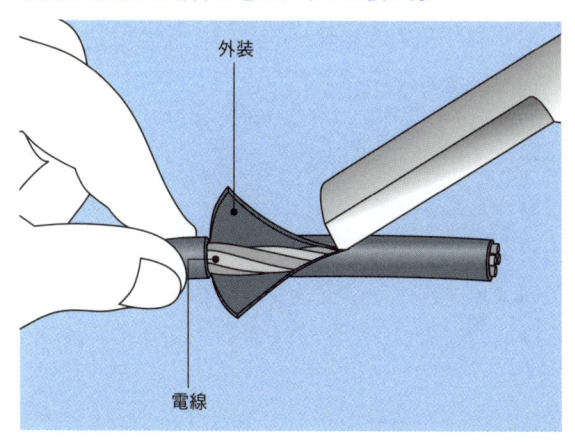

2-3 圧着工具

●圧着工具とは

　電気工事士の仕事のひとつは、配線工事により電気を屋内に引き入れられるようすることです。そのために重要となる作業に電線をつなぐ作業があります。

　圧着工具は電気工事士が電線をつなぐときに多く用いられる工具です（図2-3-1）。圧着端子と呼ばれる接続専用の端子と、それを加工する圧着工具を用いて電線同士を接続します。圧着端子は電線の種類やつなぎ方によって複数の種類があり、利用場面によって使い分けられます。

　電線の接続部分はやり方によってはコード部分より弱くなり、火災などの原因になることがあります。そのため、電線の接続は電気工事士が最も気をつかう部分です。

●圧着工具の構造

　圧着工具はペンチやニッパより大きめで、圧力をかけて端子を潰します。絶縁グリップがついたハンドルを強く握り込むことで先端部のダイス（圧着部）がきつく締まり、端子がつぶされることで電線がきちんとつながるようになっています。圧着工具ではてこの原理により、圧着部に効果的に力が加わるようになっています。

　圧着を確実に行うため、圧着工具によってはラチェット構造になっているものもあり、圧着が完了しなければハンドルが開かない構造になっています。

　圧着工具先端のダイスには圧着可能な端子のサイズが書かれているものも多く、該当する箇所で圧着端子を圧着すれば、適切に圧着できるようになっています。

　圧着工具は電気工事士が頻繁に使う工具のひとつです。ワイヤカッタや電線の被覆剥きなどが付いているものも多いので、使いやすいものをしっかり選びましょう。

● 圧着端子

　ダイスで圧着される圧着端子はつなぐ電線の数やつなぎ方に応じて様々です。形状の違いにより、R形、RD形、Y形などがあり、また被覆の有無により、裸圧着端子や絶縁被覆付圧着端子などの種類があります（図2-3-2）。

図 2-3-1　圧着工具

適合する端子の大きさがダイスに書かれている

ラチェット機構により圧着が完了しないとハンドルが開かない構造のものもある

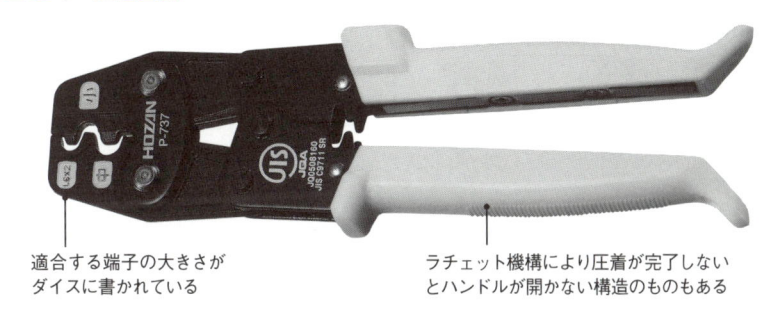

（写真提供：ホーザン株式会社）

図 2-3-2　圧着端子の例

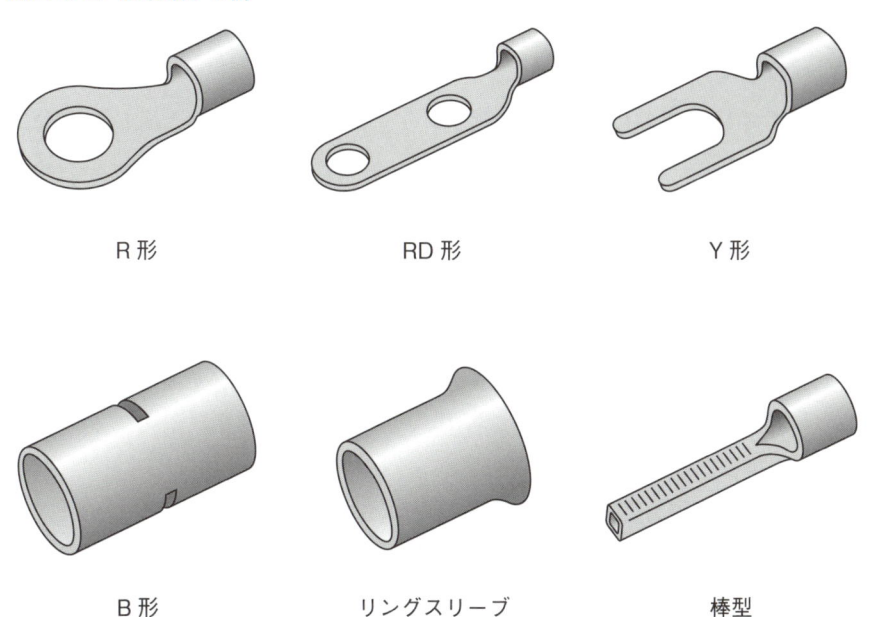

R形　　　　　RD形　　　　　Y形

B形　　　　　リングスリーブ　　　　　棒型

●圧着工具の使い方

　圧着工具には複数の種類がありますが、ここではリングスリーブ用の圧着工具の使い方を説明します。リングスリーブ端子とはコードを接続するための圧着端子のひとつです。

　圧着工具は、圧着する電線の太さとリングスリーブ端子によって、圧着するダイスの使用する場所が違います。それぞれの用途に合わせてダイスをきちんと使い分けましょう。

　リングスリーブ端子は大中小3つの種類があります。リングスリーブ用の圧着工具にもこれに対応したダイスが付いており、さらに小さなものを圧着できる特小（1.6×2）のダイスが付いているものも多いです。

●手順

(1) リングスリーブを選ぶ

　電線の心線のむきだした部分を重ねて、その太さに合わせたリングスリーブを選びます。リングサイズは電線の太さや本数によって決まっています。適切なリングリーブを選べているかしっかり確認してください。

(2) リングスリーブを取り付ける

　リングスリーブの広がっている方から、電線の心線を剥き出した部分がしっかり隠れ、リングスリーブの先端より少し出るまで電線を深く差し込みます（図2-3-3）。

(3) 圧着工具のダイスを選ぶ

　電線にかぶせたリングスリーブを圧着工具のダイス（大、中、小）のサイズに合わせて、どの部分で握るか決めます。

　ほとんどの場合、圧着する電線の数や太さによって圧着するリングスリーブの大きさ、ダイスの場所は決まっています。圧着の基準に沿ってダイスの大きさを選びます。

(4) 圧着工具を握ってリングスリーブをつぶす

　リングスリーブの中央部分を圧着工具のダイスに合わせて、強く握り込みます（図2-3-4）。ハンドルが自然に開くまで強く握り、リングスリーブをつぶします。

(5) リングスリーブに圧着マークがはいっているか確認する

　リングスリーブに圧力がかかったらゆっくり圧着工具の握りをゆるめ、ダイスからリングスリーブを外します。

　しっかりリングスリーブが潰れていることを確認して、圧着工具のダイスにある圧着マークがリングスリーブに刻印されているかどうかも確認します。

図 2-3-3　リングスリーブの取り付け

リングスリーブの広がっている方から、電線が先端より少し出るまで差し込む

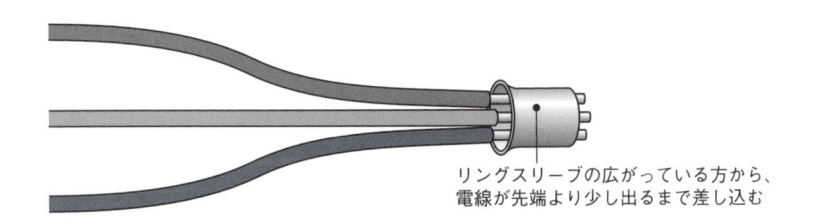

図 2-3-4　圧着工具でリングスリーブを圧着する

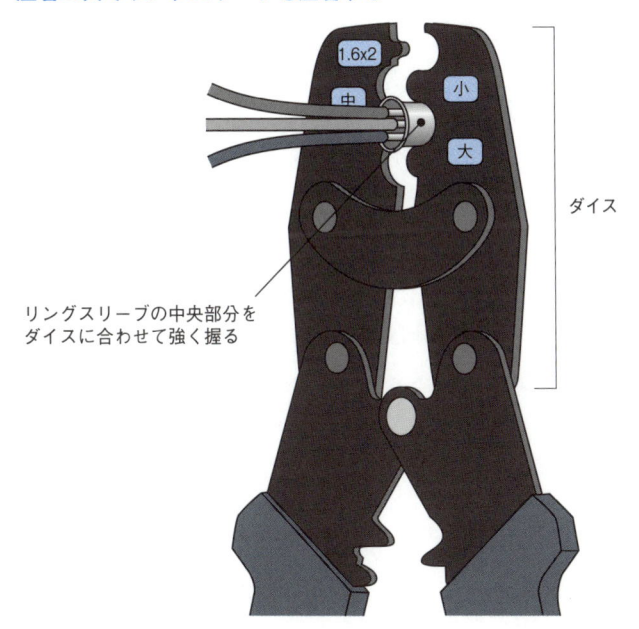

リングスリーブの中央部分をダイスに合わせて強く握る

ダイス

2・電気工事の基本工具

2-4 ペンチ

●ペンチの構造

　ペンチは最も基本的な工具であり、汎用工具として一般家庭でも目にすることができる身近な存在です（図2-4-1）。2つの相対する金属部品をピンで結合させ、ハンドル部分を強く握り込むことで先端部をより強く挟み付ける、てこの原理を用いた工具です。一般家庭でも鉄板や針金などの硬いものを曲げたり挟んだり、切ったり、引っ張ったり、ねじったり、ナットを回したりなど、主に工作用に使われています。それ以外でも、熱いものを挟んだり、硬い殻を砕くための調理用に使われたり、かなり使用用途の多い工具として知られています。

　電気工事用のペンチはハンドル部分に絶縁体をほどこしたものが多く、特別に電工ペンチと呼んで区別しています。

●ペンチの使用頻度

　電気工事においてもペンチは大変広い使われ方をしている工具です。ボルトを回したり、硬いものをつかんだり、引っ張ったり、曲げたり、だけでなく電気工事の様々な場面で頻繁に登場して工事の現場で活躍します。

　特にペンチは絶縁体を剥いた後の心線をつなぎやすく加工するとき大変重要な役割を負います。心線部分は銅などの金属でできているので、手作業での加工には無理があります。ペンチを上手に使って行う作業には熟練の度合いが現れます。

　ペンチは先端のものをつかむ「くわえ部」、その少し手元側の刃のように尖った「刃部」からなります。くわえ部には凹凸のスジが切ってあり、つかんだものが滑らないようになっています。

　刃部でケーブルを挟み込んで、ハンドルを強く握り込むと、上下の刃の圧力でケーブルはきれいに切断できます。また、刃部の裏側は丸くくぼんでおり、ナットなどのネジを回すこともできます（図2-4-2）。

図 2-4-1　ペンチ

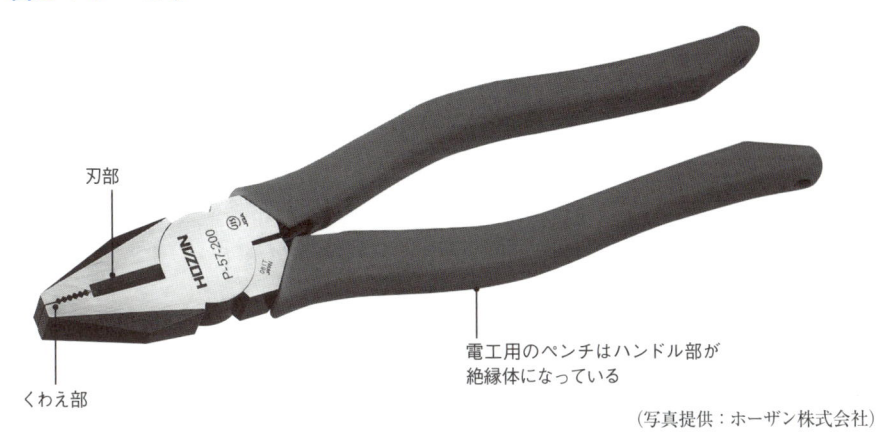

刃部

くわえ部

電工用のペンチはハンドル部が絶縁体になっている

（写真提供：ホーザン株式会社）

図 2-4-2　ペンチの構造

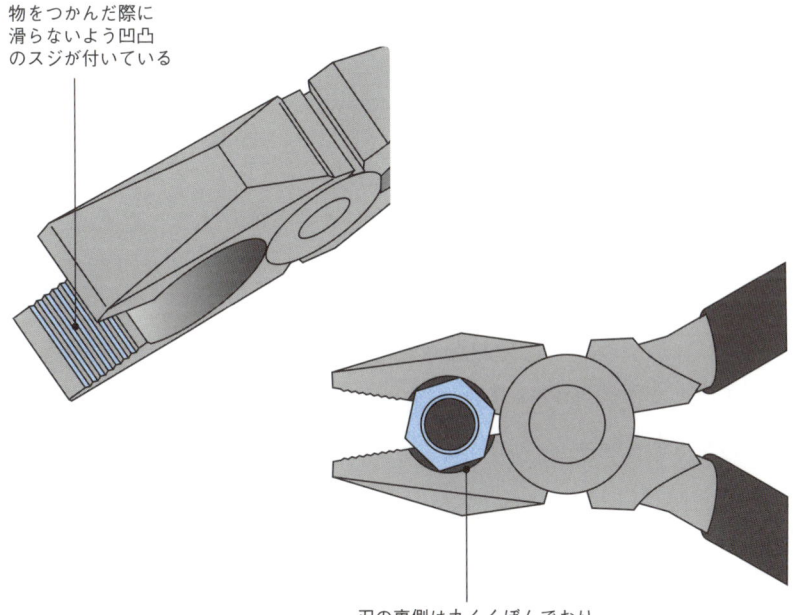

物をつかんだ際に滑らないよう凹凸のスジが付いている

刃の裏側は丸くくぼんでおり、ナットなどを回すことができる

2・電気工事の基本工具

43

●ペンチの使い方

　ペンチは電線の心線の加工においても活躍します。ここでは、白熱電球やLED電球を取り付けるランプレセプタクルに、電線を接続する際の心線の加工を例にして、ペンチの使い方を説明します。

●ペンチを使ってランプレセプタクル接続用の輪を作る

(1) ケーブルの外装をはがす
　電工ナイフを使ってケーブルの外装を5cmほどはがし、電線をむき出しにします。次にワイヤストリッパなどを使って電線の絶縁体を3cmほどはがし、心線を出します。

(2) 心線を折り曲げる
　まず、心線の根元から1～2mm残して90°折り曲げます。次に、一度折った部分から指を使って逆向きに90°折ります（図2-4-3）。

(3) 心線を切る
　(2)で折った部分の先端のみが残るようにして、それより先の心線を切り落とします。

(4) 残った部分の先端を基準に輪にする
　90°に折れた部分の先をペンチでつまんで輪を作ります。このとき取り付けるネジの形状に対し、うまく輪になっているか確認します。できていないようならペンチで調整します（図2-4-4）。

(5) ランプレセプタクルに取り付ける
　ランプレセプタクルに取り付けてネジを締めます（図2-4-5）。このとき、ネジを回す向きと心線の巻きの向きが合っていることを確認します。

図 2-4-3　心線を折り曲げる

一度折った部分から指を使ってさらに 90°折る

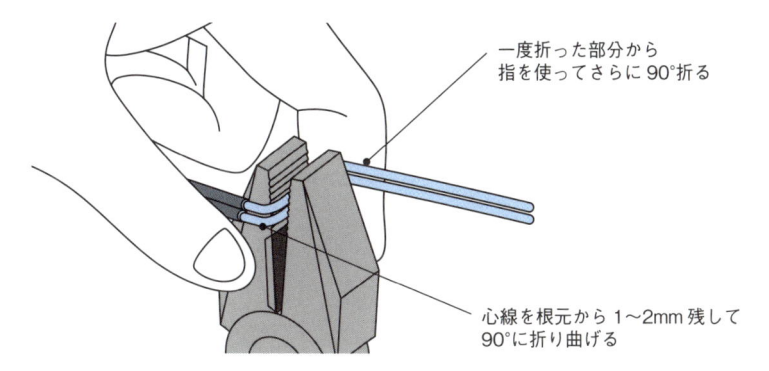

心線を根元から 1〜2mm 残して 90°に折り曲げる

図 2-4-4　ペンチの先を使って輪を作る

ペンチの先を使って輪を作る

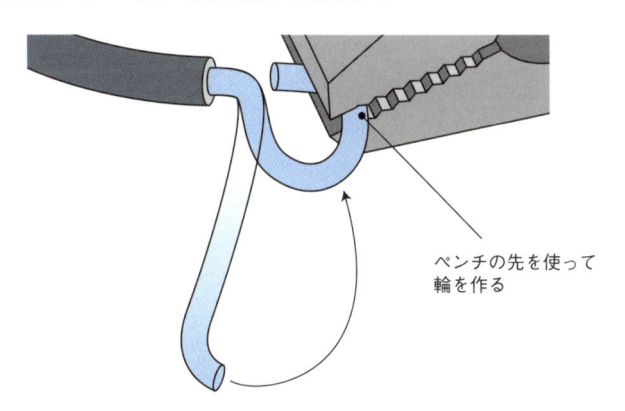

図 2-4-5　ランプレセプタクルに接続する

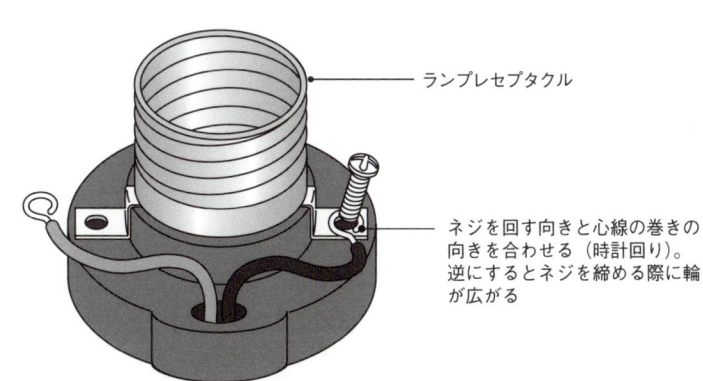

ランプレセプタクル

ネジを回す向きと心線の巻きの向きを合わせる（時計回り）。逆にするとネジを締める際に輪が広がる

2・電気工事の基本工具

45

2-5 ウォータポンププライヤ

●ウォータポンププライヤとは

　プライヤとは、ペンチのようにものを挟むための工具のことを言います。ものを挟むという意味でペンチと似ていますが、ペンチよりも少し開口部が広く、より大きなものまで挟める工具です。ウォータポンププライヤは、水道管などの太いパイプをはじめ、口径の大きなボルトやパイプまでしっかりつかんで回すことができるプライヤです（図2-5-1）。

　ウォータポンププライヤは、水道工事はもとより電気工事やガス管工事、機械工作現場まで幅広い工事現場で目にすることができます。電気工事の現場でも、ロックナット（通常のナットより強く固定できる）やカップリング（金属電線管同士を直線に接続する際に使用）の締め付けなどにも幅広く対応できるため活用範囲が広くなっています。

　電気工事の現場では様々な大きさのボルトに出会いますが、ウォータポンププライヤはいろいろな大きさに対応しているのでとても便利です。また、電気工事の現場で危険性の高い感電を防ぐため、ハンドル部分に絶縁体が使われているものも販売されています。

●ウォータポンププライヤの構造

　ウォータポンププライヤはジョイントのピンの部分が大きくスライドする構造になっています。この部分をスライドさせることによって、プライヤの先端部分がより大きく開くようになります。

　このジョイント部分がスライドできる幅はウォータポンププライヤによって違いますが、5段階ほどに設定されています。それだけ幅広く様々な大きさのものを挟むことができるのです（図2-5-2）。

　また、咥え込みの先端部分が平行になっていないため、対象物を強くつまむことができ、作業性能がよいと言われています。さらに、ハンドルの部分が長く力が加えやすいのでとても便利です。

反面、作業現場が手狭なところではナット部分のくわえ込みにスペースを取られるので、直接差し込めるスパナ（ボルトやナットを回す道具。レンチとも言う）などの方が使い勝手はよくなります。くわえ込む力が大きいため挟んだナットを傷付けやすいこともあり、何度も同じ場所に使う場合は気を付けて作業にあたるべきです。

図 2-5-1　ウォータポンププライヤ

ハンドル部分が長く力が加えやすくなっている

ジョイント部分のスライドは5段階ほどに設定されている

（写真提供：ホーザン株式会社）

図 2-5-2　ジョイントによる開き方の違い

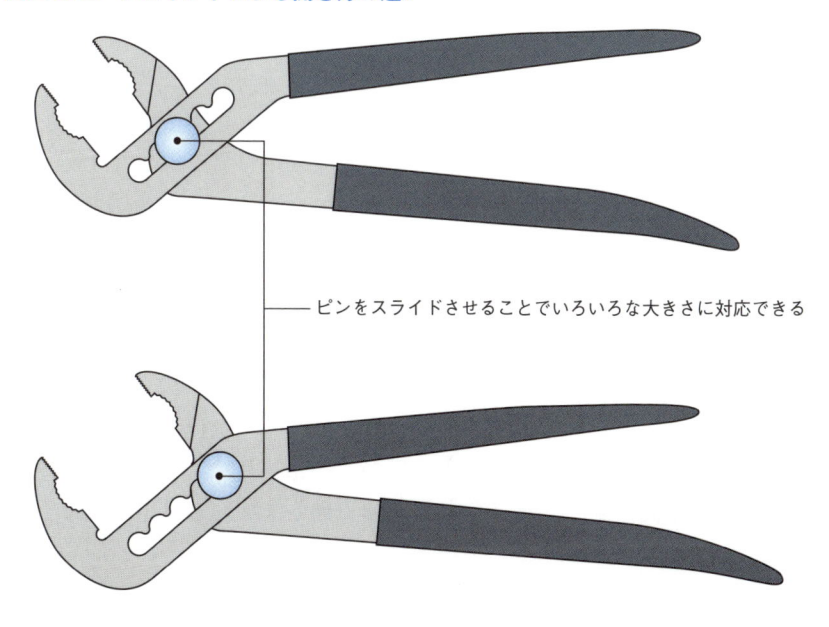

ピンをスライドさせることでいろいろな大きさに対応できる

● **ウォータポンププライヤの使い方**

　ウォータポンププライヤはジョイント部分をスライドさせることで様々な大きさのものを挟めるプライヤです。

　ジョイント部分をスライドさせないで使うこともできますが、先端部分があまり大きく開かないので、大きな水道管などを確実につかむことはできません。つかめた場合でもハンドルの幅が広くなるため、あまりうまく力が伝わりません。

　一方、電工ペンチと違って先端部分が均一に接していないので、先端部分だけで強くつかむことができます。小さなものを強くつかんだり、つまみ上げたりという作業に向いています。針金などを引き抜いたりひねったりするときに便利です。

　ハンドルを大きく開くことでピンを移動させることができるようになります。必要と思われる位置までピンを移動させ、必要とされる位置が決まったらハンドルを閉じます。作業に必要な位置を的確に選んで利用します。

● **適切な開き具合**

　ウォータポンププライヤはハンドル部分が長めに作られていますので、てこの原理により先端に強い力を伝えることができる工具です。2本のハンドルが接触してしまうと十分な力が伝わらなくなります。ハンドルが接触しない範囲で、手のひらで握りこんで最も力が入りやすい位置を探します。

　具体的には指1本から2本程度の間隔が空いているくらいが適切です（図2-5-3）。

● **ウォータポンププライヤを回す**

　ウォータポンププライヤを水道管や電線管などに噛み合せた状態で強く握り、力を加えたままの状態で回します。2本のハンドルを握り込む力を落とさないようにしながら、押し込むときはすべての指に均一力が加わるように、引き上げるときは親指側に注意しながら、強く回します（図2-5-4）。

図 2-5-3　ウォータポンププライヤでつかむ

指1本から2本の間隔を空ける

適切な開き度合いに調整する

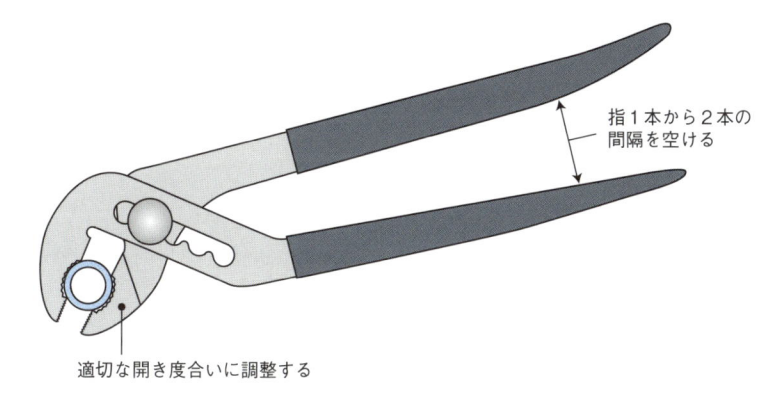

図 2-5-4　ウォータポンププライヤを回す

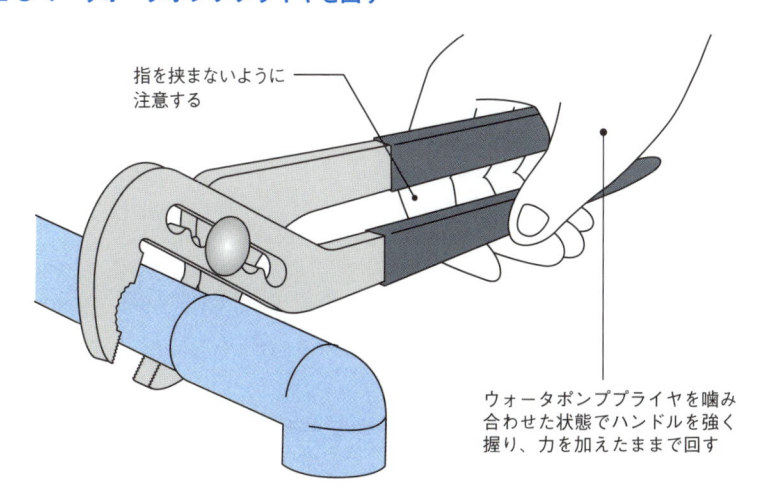

指を挟まないように注意する

ウォータポンププライヤを噛み合わせた状態でハンドルを強く握り、力を加えたままで回す

2・電気工事の基本工具

49

2-6 ドライバ

●ドライバとは

　ドライバはネジを締め付けて固定したり、ゆるめて外したりする作業を行うための工具です。手元のハンドル部分を回転させ、その力をネジに接する先端に伝えることでネジを回します。JIS 規格に基づく名称は「ねじ回し」です。

　様々な種類の工作作業に対応し、それぞれの作業に合わせたドライバが存在しています。電気工事には電気工事用のドライバがありますし、種類や大きさ、使用目的に合わせて適切なドライバを選んで使い分けましょう。

●ドライバの構造

　ドライバの先端部は様々な形状のものがありますが、電気工事用のドライバはマイナス溝（-）のものと、プラス溝（+）のものが一般的です。それぞれを「マイナスドライバ」、「プラスドライバ」と呼び区別します（図 2-6-1）。

　マイナス溝（-）のドライバは古くからあるシンプルな形状で、溝が一直線なため、ネジの回転軸から外れやすく、プラス溝（+）のドライバの方が作業効率がよいと言われています。

　プラスドライバは 1933 年にアメリカのフィリップス社が特許を得て発売しました。マイナスドライバに比べて力が加わりやすいと言われていますが、強い力を加えるとドライバの先端が浮き上がることがあるため、強く押し付けながら回す必要があります。

　最近は先端部分に磁気をおびたドライバが多く、ドライバの先端にネジがくっつき回しやすくなっています。

●電工ドライバ

　ドライバの中でも電気工事用のドライバを電工ドライバと言います。電工

ドライバは安全対策として、握り手（グリップ）部分が絶縁体である木材やプラスチック、ゴムなどで覆われたものがほとんどです。さらに、大きな力を加えてネジを締め付ける必要から、握り手の部分が大きくなっており力が入りやすくなっています。

ドライバの軸が長くなっているのは、せまく深い場所のネジ回しに対応するためです。プラス、マイナスのドライバだけでなく、作業の状況に応じて柄の長さの種類を複数用意することも重要です。

図2-6-1　プラスドライバとマイナスドライバ

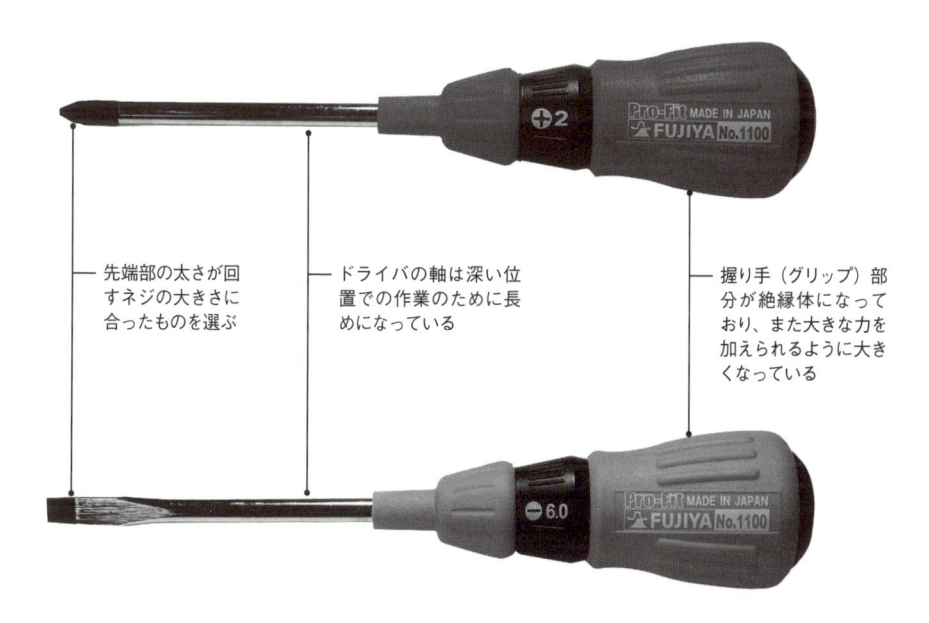

- 先端部の太さが回すネジの大きさに合ったものを選ぶ
- ドライバの軸は深い位置での作業のために長めになっている
- 握り手（グリップ）部分が絶縁体になっており、また大きな力を加えられるように大きくなっている

（写真提供：フジ矢株式会社）

●ドライバでネジを回す

　ドライバはペンチとともに電気工事現場の細かい作業を担う工具です。ネジの締め付けやゆるめ作業はもちろん、細い先端をうまく使うことで意外な効果が得られます。

　ドライバをネジの締めつけに利用する場合、プラス、マイナスのネジの頭の溝に合わせて、ネジに力を加えながらハンドルを回してネジをネジ穴に押しこみます。ドライバはネジを壊さないようにしっかり差し込んで丁寧に強く回しましょう。

　ネジの溝はネジの大きさによって違うのでドライバもネジの溝の大きさに合わせて適切なものを選ぶことが重要です。

　このときプラスドライバは溝から飛び出すことがあるので少し強めに抑えながら回す必要があります。

●マイナスドライバのネジ回し以外の使い方

　マイナスドライバは先端が平たいコテのような形をしているので、ネジを回す以外にも作業現場では様々な使い方をされています。たとえば屋内配線のスイッチボックスやコンセントボックスなどの取り付けのときなどに便利です。

(1) スイッチボックスのカバーを外す

　屋内配線のスイッチボックスには通常カバーが付いています。埃や汚れから守るためカバーはしっかりはめこまれているので、マイナスドライバの先を隙間にこじ入れカバーを外します。カバーを外す際にはカバーを傷付けないように注意しましょう。

(2) コンセントボックスのスイッチコネクタのケーブルを抜く

　スイッチコネクタは一度ケーブルを差し込んだら抜けない構造になっています。しかし、このコネクタのケーブルはマイナスドライバを使えば簡単に引き抜くことができます。引き抜く際にはコネクタのコードを差し込んだ穴の近くの小さな隙間にマイナスドライバを差し込みます（図2-6-2）。

(3) コンセントボックスからコネクタを外す

　コンセントボックスの脇の隙間にマイナスドライバを差し込んで、時計回

りに回すことでコネクタは外れます。取り付けるときも同じ要領でマイナスドライバを反時計回りに回すことではめこみます（図2-6-3）。

図2-6-2　スイッチコネクタからケーブルを引き抜く

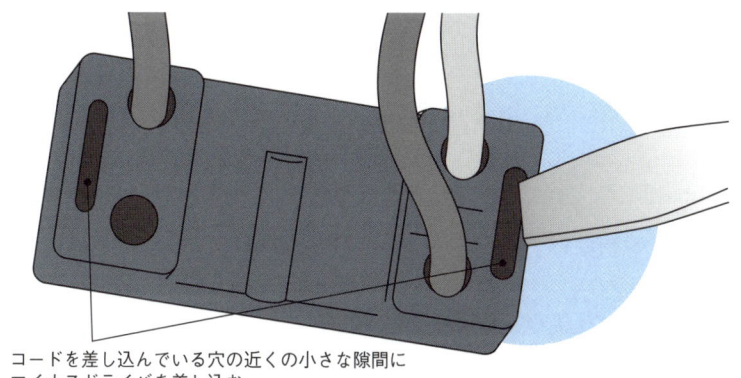

コードを差し込んでいる穴の近くの小さな隙間に
マイナスドライバを差し込む

図2-6-3　コンセントボックスからコネクタを外す

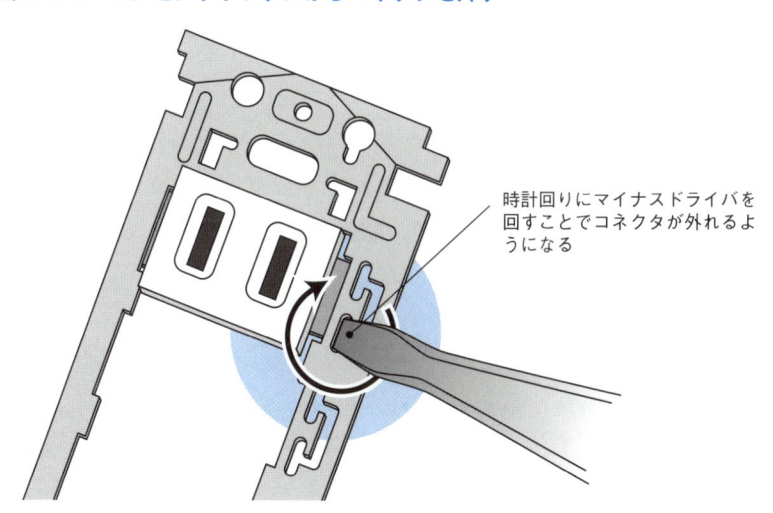

時計回りにマイナスドライバを
回すことでコネクタが外れるよ
うになる

2-7 スケール

●スケールとは

　スケールとは日本語で言うと物差しのことであり、定規や巻尺などものを測る道具全般を指します。そして、スケールは建設現場では欠かせない道具であり、作業をするうえでも、作業の結果を確認するうえでも必需品です（図2-7-1）。電気工事の精度はスケールによる正確な計測で決まるとも言えます。

●電気工事現場でのスケールの使われ方

　一般的な家庭でもよく使われるスケールですが、建設現場で大工や左官は伝統的な曲尺（直角に曲りL字型をした金属製の定規）を使用しています。一方、電気工事現場のスケールとして直尺（まっすぐの定規）はあまり使われません。スチール製の巻尺はかなり一般的になってきましたが、同時に柔軟性があり折れ曲がる性質を持ったスケールも好まれます。これはなぜなのでしょうか。

　電気工事のスケールは、床や壁面ばかりではなく、照明器具を取り付けるために、天井面の計測を行う際にも用いられます。ケーブルを通すために壁の裏側や、ときには天井裏など様々な部分も計測しなければなりません。そのような作業では、曲がったり、たわんだりしてもせまい部分に入っていけるようなスケールが向いているのです（図2-7-2）。

　何より、電気工事現場では、ケーブルの配線、配管などせまい部分を通さなければいけない工事も多くあります。そのとき、ケーブルを通すことができるのか試すためには、細長くたわむ、ケーブルのようなスケールが適切なのです。最初に試しにスケールを通してみて、ケーブルの配線の様子を確認して、その後配線工事をするといった場面も多く、柔らかい材質のスケールが重宝されます。

　もちろん作業の中で細かな部品の大きさを図ることは忘れてはいけません。いずれにしても正確な作業のために計測は不可欠ですし、スケールはなくて

はならないのです。

図 2-7-1　スケール（スチール製の巻尺）

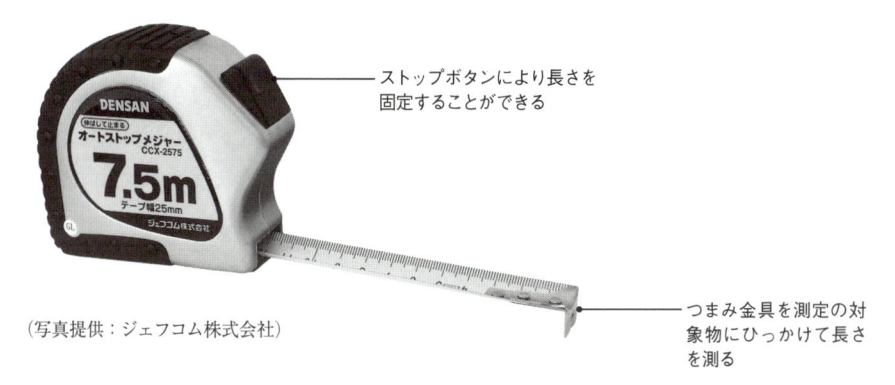

ストップボタンにより長さを固定することができる

つまみ金具を測定の対象物にひっかけて長さを測る

（写真提供：ジェフコム株式会社）

図 2-7-2　壁の中にスケールを通している様子

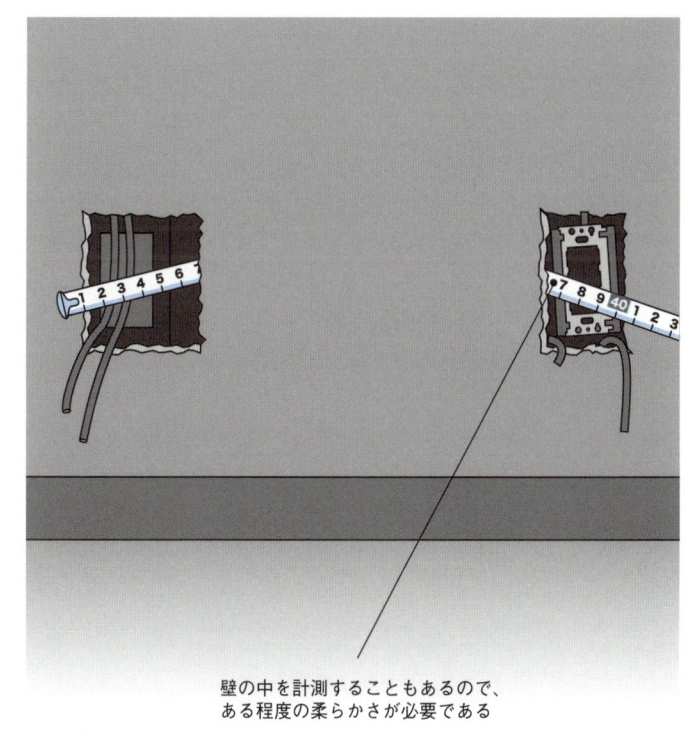

壁の中を計測することもあるので、ある程度の柔らかさが必要である

2・電気工事の基本工具

💡 電気工事士と電気主任技術者

　電気工事士は1章でも触れたとおり一種と二種に分かれています。第二種電気工事士は試験の合格以外でも、工業高校や専門学校の課程を修了すれば取得可能です。一方、第一種電気工事士資格は3年から5年の現場での工事実績をもとに第一種電気工事士の試験に合格することで取得できます。これらは電気工事の現場で実際の作業にあたることができるか否かの資格です。

　これに対して電気主任技術者は事業用電気工作物の工事、維持及び運用に関する監督をするための資格になります。

　つまり、電気工事士が現場での工事を行うための資格であるのに対して、電気主任技術者は工事現場はもとより、電気設備がある工場や電気設備のある運営施設の管理監督をするための資格です。電気主任技術者は事業用電気工作物を設置する者およびその従業者の中に必ず置かれなければならないとされています。電気工事の現場や電気設備には必ずそれを監督する立場で置かれなければならないため、電気工事士を監督する立場に相当することになります。

　そのため電気関係の資格のなかでも給与面で扱いが優遇されることもあります。電気工事士の資格を保持する人たちが多数受験する資格でもあります。

　また、電気主任技術者は電気の大きさによって選任範囲があります。第一種電気主任技術者はすべての電気工作物、第二種は170000V未満の電気工作物、第三種電気主任技術者は50000V未満の電気工作物（出力5000kW未満の発電所を除く）です。

　第一種電気主任技術者は電気工作物に関してはすべてのものの保安管理が可能であるため、その難易度も高く、最終的な試験の合格率も5%以下で大変な難関だと言えます。

第3章

手動工具

手動工具は
ニッパやレンチなど手動で扱う工具の総称です。
切る、剥ぐ、叩くなど電気工事をはじめ
物作りに携わる人にとって欠かすことのできない工具です。
本章では電気工事の中でもよく用いられる
手動工具について記述します。

3-1 ワイヤストリッパ

●心線を傷付けずに電線の絶縁体を剥く

　電気工事において使用される電線には、絶縁のための被覆（外皮）の付いたものが多くあります。電線を使用する際には、電線の先端部分の絶縁体を必要な長さだけ剥がして使用しますが、このときに役立つのがワイヤストリッパです（図3-1-1）。もちろん、電工ナイフやニッパを使って絶縁体を剥がすことも可能ですが、力加減を誤ると心線まで傷付けてしまう可能性があり作業には慣れが必要です。ワイヤストリッパを使えば、心線を傷付けることなく絶縁体だけをスムーズに剥がすことができます。また、根元部分にはハサミのような刃が付いているものもあり、細い電線であれば切断も可能です。

●使用可能な電線とワイヤストリッパの種類

　ワイヤストリッパの刃の部分には線の太さに応じた数種類の丸い穴があいており、それぞれの穴には線の太さを記す数字が記載されています。この数字には、心線の直径を表記したものや断面積を表記したもの、AWGという電線の太さの規格で記したものなどがあります。数字とともに単位が記載されているので、使用するときには確認が必要となります。

　サイズの合わない穴を使うと、きれいに剥がせなかったり心線を傷付けたりする原因となるため、使用する電線に合うサイズの穴を使用することが大切です。

　ワイヤストリッパによって、どの太さの電線に使用できるかが異なるため、自分が普段使用するワイヤのサイズを把握し、それに合ったものを選ぶとよいでしょう。

●ワイヤストリッパの使い方

　使用するときは、左手で電線を持ち、右手で持ったワイヤストリッパで電

線を挟んだら、左手を固定したままワイヤストリッパを右方向に動かします。このとき、線を引っ張るのではなく、ワイヤストリッパの方を動かすことがポイントです（図3-1-2）。また、根元部分で切断可能な場合でも切断できる太さはあまり太くありません。太い電線を切ると刃を傷める原因となるので注意してください。

図3-1-1　ワイヤストリッパ

刃には線の太さに応じた数種類の穴があいている

根元部分で細い電線ならば切断が可能なものもある

（写真提供：ホーザン株式会社）

図3-1-2　ワイヤストリッパで電線の絶縁体を剥がす

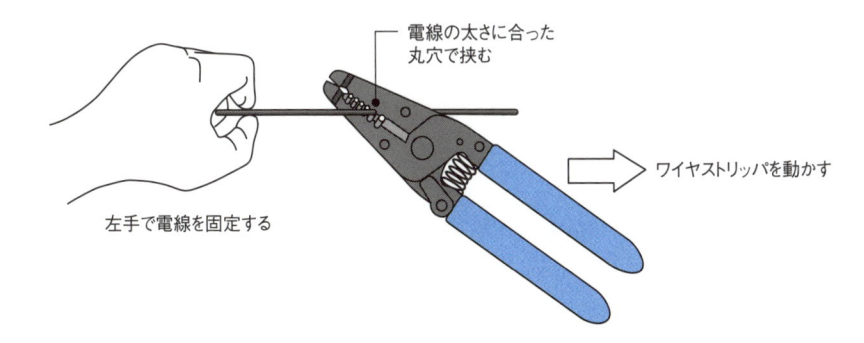

電線の太さに合った丸穴で挟む

ワイヤストリッパを動かす

左手で電線を固定する

3-2 VVF線ストリッパ

● VVF線とは

　VVF線（VVFケーブル）とは、ビニル外装された平形のケーブルのことで、屋内の低圧配電用としてよく使用され、Fケーブル、VA線とも呼ばれます。電線の数は2本のタイプと3本のタイプが一般的ですが、4本のものもあります。また、電線の太さには、1.6mm、2.0mm、2.6mmの3種類が用意されています。電線自体もビニル被覆されており、さらに外側は平形のビニルシース（sheathは「覆い」という意味）と呼ばれる外装で覆われています。

● VVF線の被覆を剥がす際に活躍する

　VVF線の外装を剥がす際に使用するのが、VVF線ストリッパです（図3-2-1）。とめネジ部分から持ち手側には、電線の数や太さに合わせた穴があいており、ここにVVF線を挟むことで、外装だけに切れ目を入れてきれいに剥がすことができます。一方、とめネジ部分から先端部にかけては、内部の電線部分のためのストリッパが付いています。

　VVF線ストリッパを使用しない場合、電工ナイフやカッタなどで外装に切り込みを入れ、ペンチを使って引き抜く方法を使いますが、この方法は時間がかかり、切り込みを入れすぎると電線の被覆に傷を付けてしまう可能性もあります。これに対し、VVF線ストリッパを使うことで手早く安全に作業ができるようになります。

● VVF線ストリッパの使い方

　VVF線ストリッパの使い方は、外装のビニルシース、内部のビニル絶縁体どちらを剥く場合もよく似ています。

　VVF線のサイズに合った穴に線を挟んでグリップを握ると、ビニルシースや絶縁体に切れ目が入ります。続いてグリップを軽くゆるめ、左手で線を固定したまま右手に持ったストリッパごとビニルシースやビニル絶縁体を引

き抜くように動かすことで、ビニルシースやビニル絶縁体をきれいに剥がすことができます（図3-2-2）。

　利用の際には、まず、上記の方法で外装を剥がします。外装を外した後は、ワイヤストリッパと同じ要領で先端部分を使って電線の被覆を剥がします。メーカーによっては複数の電線の被覆をまとめて剥くことが可能な製品もあります。

　また、ケーブルや電線被覆の長さを測るためのスケールが本体に印刷されているVVF線ストリッパもあります。

図3-2-1　VVF線ストリッパ

とめネジ

先端部は電線部分のワイヤストリッパとして使用できる

VVF線のサイズに応じた平形の穴があいている

（写真提供：ホーザン株式会社）

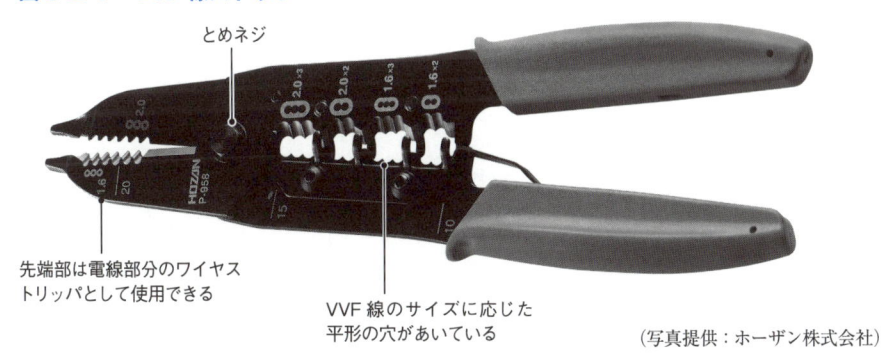

図3-2-2　VVF線の構造と外装の剥がし方

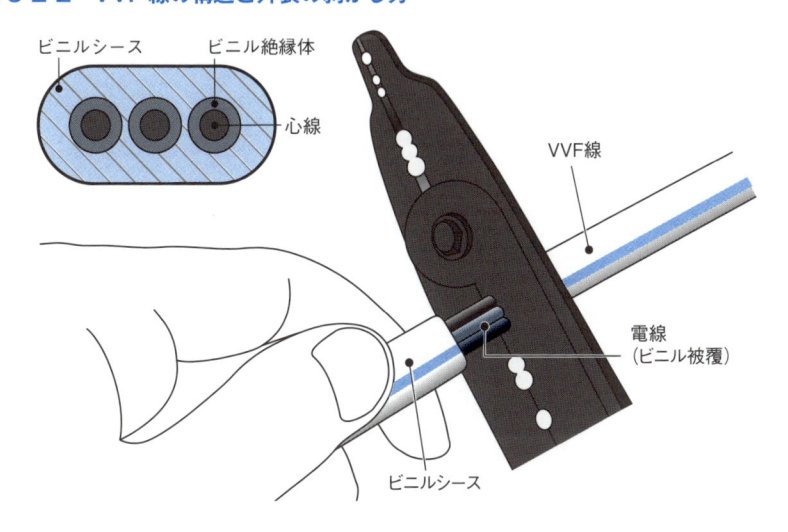

ビニルシース
ビニル絶縁体
心線
VVF線
電線
（ビニル被覆）
ビニルシース

3-3 ニッパ

● VVR線の外装除去作業で活躍

　ニッパは細い電線を切るための工具としておなじみですが、電気工事においては、たとえばVVR線の外装除去作業でよく使用します（図3-3-1）。VVR線は、VVF線と同様に低圧配電に使用される丸形のケーブルで、SVケーブルともよばれます。

　VVR線では、電線の周囲に介在物と呼ばれる紙や紐、フィルムなどが巻かれ、その外側が塩化ビニルで覆われています。ケーブルを使用する際には、外装に電工ナイフなどで切り込みを入れて外装を剥がした後、介在物を取り除きます。この介在物を取り除く作業で、ニッパが活躍します。電線を覆っている介在物をほぐしたら、ニッパを使って根本からきれいに切り取ります（図3-3-2）。

●細い電線の切断にも使用

　直径2mm程度までの細い電線を切るときもニッパが役立ちます。ペンチのつけ根部分で電線を切ることも可能ですが、細かい作業では刃先の使えるニッパの方が便利でしょう。ニッパで電線を切るときには、電線に対して刃が直角に当たるようにすると、きれいな切り口になります。また、電線の被覆部分だけに傷を付けて被覆を剥がす場合にも使用できます。

●ニッパの種類

　ニッパにはスプリングの付いたタイプもあります。使用していないときは刃先が自然に開くため、切断時に刃先を広げる必要がなくスムーズに扱える点がメリットです。また、刃先のサイズにも様々な種類があるので、細かい作業には小さな刃先のものを使用するなど、用途に合わせて選択する必要があります。

　ニッパの刃が錆びたり切れ味が悪くなった場合には、砥石などを使って研

ぐことで切れ味がよみがえります。また、スプリング部分の交換が可能な商品もあります。このように、工具類はメンテナンスをしながら長く使用できるので、最初に使いやすく性能のよいものを選んで購入することが大切です。

図 3-3-1　ニッパ

バネが内蔵されているタイプのニッパは
自然に開くので連続の作業でも疲れにくい

鋭い刃先は細かい作業に
向いている

（写真提供：ホーザン株式会社）

図 3-3-2　ニッパを使って VVR 線外装の介在物を取り除く

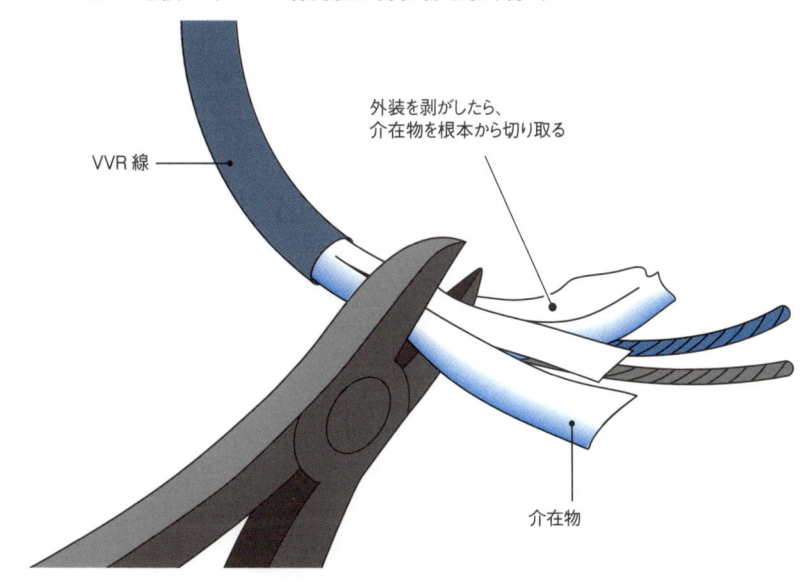

VVR 線

外装を剥がしたら、
介在物を根本から切り取る

介在物

3-4 合格クリップ

●合格クリップとは

　複数の電線を接続する際の間違いを防止するための仮止め用器具で、リングスリーブを使用した圧着などで使用します（図3-4-1）。クリップ中央部分の輪に電線を挟める構造になっているので、接続する電線同士をあらかじめクリップでまとめておきます。その後、一旦クリップをゆるめて電線の被覆の端の高さをそろえ、再度固定したらリングスリーブをかぶせて圧着します。

　また、コネクタを使用した接続では、心線を器具に表示された長さにカットしてから差し込む必要があります。この際に電線をクリップで固定しておけば、複数の心線を同じ長さにカットする作業がスムーズに行えます。

●電気工事士試験で活用できる

　電気工事士試験には試験官の前で実際に作業を行う技能試験があります。試験では出題された問題を元に実際の配線で使用する複線図を作成し、限られた時間内に正確に作業することが求められますが、このときに合格クリップを使うことで配線の接続間違いを防止できます（図3-4-2）。

　また、電線を固定して作業できることもメリットです。圧着工具を両手で扱えるので確実に圧着でき、被覆の高さを揃えることも容易になるので、電気工事に慣れていない人でも作業がしやすくなります。

　仮接続の際には、電線を上方向に折り曲げておくと作業しやすくなります。また、すべての電線を仮接続したら、改めて間違いがないか確認してから作業に入ると、より確実です。作業完了後にはクリップを外すのを忘れないように注意が必要です。

●身近なもので代用する方法もある

　合格クリップが手に入らない場合には、書類などを束ねるときに使う事務用のターンクリップでも代用できます。また、実際の業務でクリップを持ち

歩くのが面倒な場合などには、ケーブルの切れ端を使って電線を束ねて固定するのもひとつの方法です。

図 3-4-1　合格クリップ

親指と人差し指で挟むことで輪を開閉させる

中央部分の輪で電線を束ねる

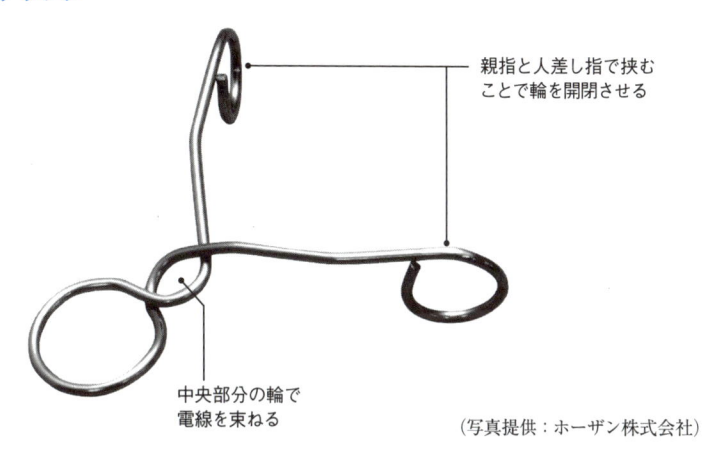

（写真提供：ホーザン株式会社）

図 3-4-2　合格クリップで電線を束ねる方法

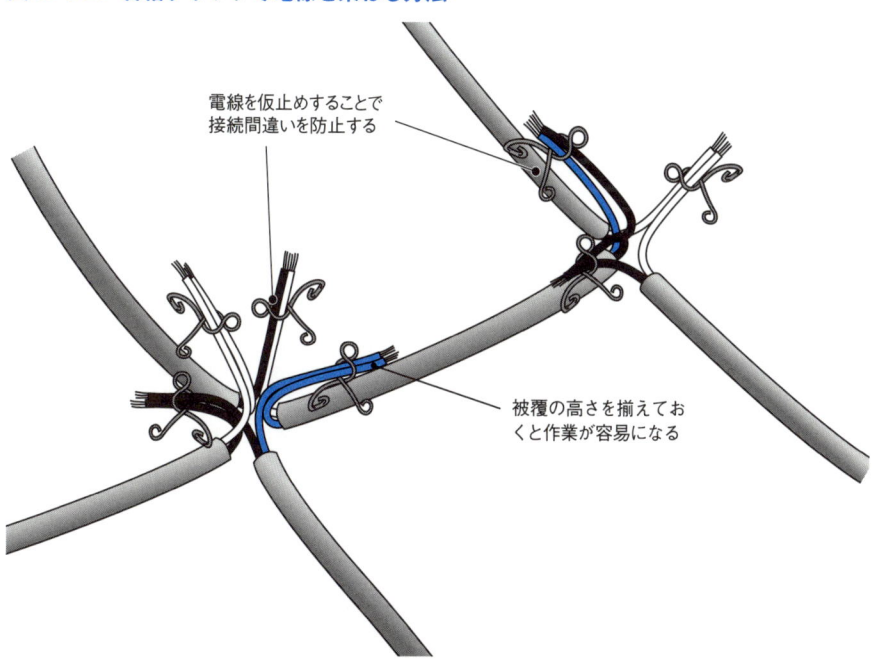

電線を仮止めすることで接続間違いを防止する

被覆の高さを揃えておくと作業が容易になる

3-5 電工レンチハンマ

●電工レンチハンマとは

　電工レンチハンマは、ソケットレンチとハンマが一体となった工具です（図3-5-1）。ソケットレンチとは、六角のナットやボルトの締め付けに使用する工具で、持ち手の部分であるハンドルと、その先端に取り付けるソケットを組み合わせて使用します。ソケットを交換することで様々なサイズのナットに対応できるため、電気工事では欠かせない工具のひとつになっています。

　電工レンチハンマは、ハンマの柄の部分をソケットレンチのハンドルとして使えるので、持ち歩く工具の数を減らすことができます。また、狭いスペースで作業をしているときでも、工具を持ち替えることなくハンマとレンチの両方を使用できるのでスムーズに作業できる点がメリットです。

●ハンマ部の使い方

　ハンマとして使用する場合には、通常どおり柄の部分を持って使います。ハンマには片側が平面、もう片側が少し丸みを帯びた凸面になった「両口型」や、片方の先端が尖った形状の「片口型」などの種類があります。両口型は最初に平面の部分を使い、仕上げに凸面部分を使うことで周囲を傷付けることなく釘を打ち込めることが特徴です。片口型の先端部分は釘を斜めに打つ際の仕上げなどに使用できます。また、柄の長さにもいくつか種類があり、短いタイプなら腰袋の中でも邪魔になりません。

●レンチ部の使い方

　レンチを使用する場合には、目的に合ったサイズのソケットを差し込んで使用します（図3-5-2）。ハンマ側のソケットを接続する部分（差込角）に小さな突起があり、それをソケットのくぼみに合わせて取り付けることでソケットを固定できます。ソケットの種類は非常に豊富なので、普段よく使用するものを揃えておくとよいでしょう。差込角のサイズが同じならどのメー

カーのソケットでも使用できるので、電工レンチハンマとほかのソケットレンチで兼用することも可能です。

図 3-5-1　電工レンチハンマ

電気工事では釘などの打ち込みでハンマを使用する機会も多い

ハンマの柄はソケットのハンドルとして使える

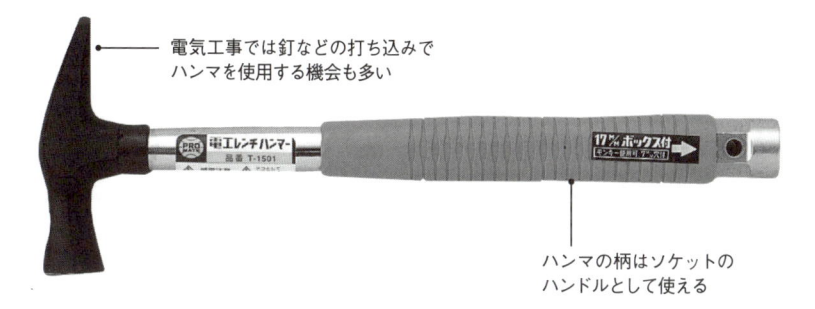

（写真提供：株式会社マーベル）

図 3-5-2　レンチ部の構造と様々なソケット

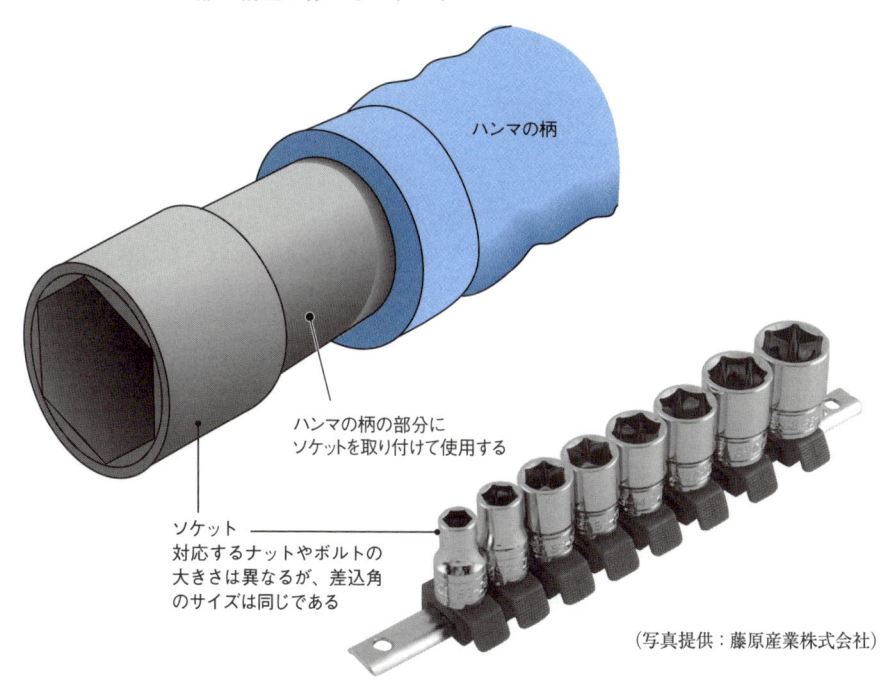

ハンマの柄

ハンマの柄の部分にソケットを取り付けて使用する

ソケット
対応するナットやボルトの大きさは異なるが、差込角のサイズは同じである

（写真提供：藤原産業株式会社）

3-6 電工バサミ

●ケーブルや配線カバーを切断する

　電工バサミは、電線やケーブルの切断といった、電気工事で必要となる作業を容易に行える工具です（図3-6-1）。

　ビニル線などの細い電線やVVF線などのケーブル類のほか、配線カバー（モール）、プリカチューブ（3-13参照）やエフレックス（波付硬質ポリエチレン管）などの可とう電線管（可とうとは自由に曲げることができるという意味）の切断にも使用されます（図3-6-2）。また、薄い銅板や軟鉄板が切断できるものもあります。

　電工バサミは1本で様々な作業に使用できるので作業中に道具を持ち替える必要がなく、スムーズに工事を進めることができます。

●電工バサミ使用時の注意点

　電工バサミでどの程度のものまで切断できるのかについては、それぞれの製品によって違いがあります。各製品に「切断能力」として対応しているケーブルの太さや種類、心数、板の厚さや素材が具体的に記載されているので、必ず確認してから使用してください。切断能力を超えたものを切ると、刃こぼれなどの原因になるので注意が必要です。

　なお、連続して切断作業を行う場合には、切断後にハサミが自然に開くスプリングの付いた電工バサミを使用すると便利です。

●ほかの道具と適切に使い分ける

　電気工事において、ケーブルや素材の切断に使用する工具は数多くあります。この章で紹介しているものだけでも、ケーブルの切断に使用するVVFストリッパや金属管を切断するパイプカッタ、プリカチューブ用のプリカナイフ、軽天（3-15参照）を切断するチャンネルカッタ、細い電線を切るニッパなどが挙げられます。

もちろん、電工バサミよりこのような専用の工具を使った方がよい状況もあります。そのときの現場の状況や切断する素材によって、それぞれの専用工具と電工バサミを適切に使い分けることで、電気工事作業はよりスムーズになるはずです。

図 3-6-1　電工バサミ

刃が薄いためほかの工具と比べて軽い

安全ストッパが付いているものも多く収納時も安心である

（写真提供：フジ矢株式会社）

図 3-6-2　電工バサミの用途

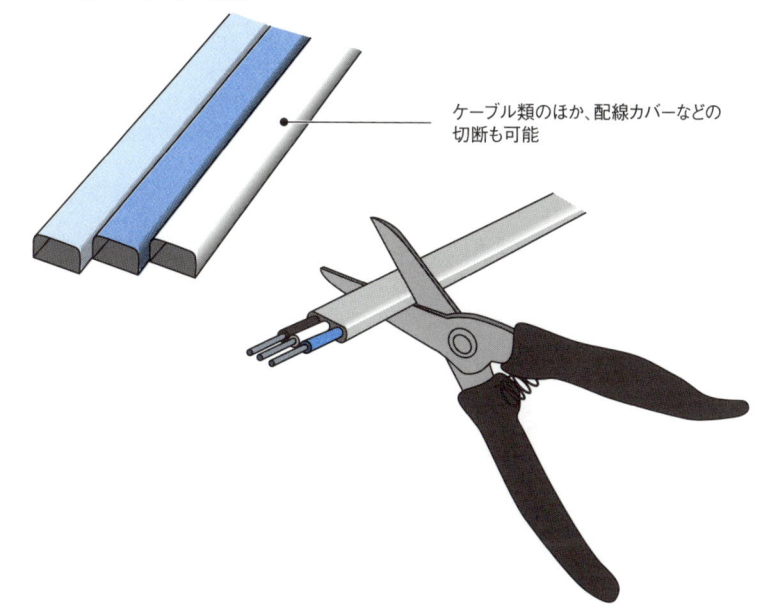

ケーブル類のほか、配線カバーなどの切断も可能

3-7 ラチェットレンチ

●ボルトやナットの締め付けをスムーズに

　ラチェットレンチは、ラチェット機構と呼ばれる一方向にしか回転しないしくみのハンドルを使用することで、ボルトやナットの締め付けを容易にする工具です（図3-7-1）。

　両端あるいは両端の表裏を使うことで、1本で2種類または4種類のサイズに対応したものや、ソケットレンチのハンドル部分にラチェット機構を採用し、ソケットを取り付けて使用するものがあります。

●ラチェットレンチを使用するメリット

　狭い空間で作業を行う場合、レンチを回すためのスペースを確保できないことも少なくありません。そのようなときにラチェットレンチを使用すると、作業がスムーズになります。また、奥まった場所のボルトなどを締めたりゆるめたりする場合も、小さな動きで締め付けのできるラチェットレンチが活躍します。

●ラチェットレンチの使い方

　ラチェットレンチをある程度回転させて締め付けを行ったら、そのままレンチを逆方向に回します。すると空転してレンチだけが元の位置に戻るので再び締め付けを行います。これを繰り返すことで、限られたスペースでもスムーズな作業が可能になります（図3-7-2）。

　一口にラチェットレンチと言っても製品やタイプによって多少の違いがありますが、まずは使用するボルトやナットのサイズに合ったソケットを選ぶことが大切です。また、ラチェットレンチの歯にボルトやナットがしっかりはめ込まれていることを確認してから作業を開始します。

　また、製品によっては、回転方向をレバーで選択することで、締める作業とゆるめる作業を切り替えられるタイプもあります。この場合は、使用時に

レバーがきちんと正しい方向になっていることを確認する必要があります。また、周囲のボルトなどにレバーが当たると気づかないうちに切り替わってしまうことがあるので、注意が必要です。

図 3-7-1　ラチェットレンチ

ラチェット機構により一方向にしか回転しないようになっている

ものによってはレバーにより回転方向を選択できる

（写真提供：トップ工業株式会社）

図 3-7-2　ラチェットレンチの使い方

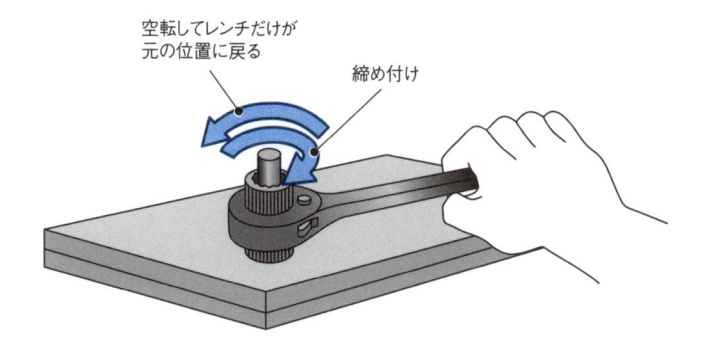

空転してレンチだけが元の位置に戻る

締め付け

3-8 面取り器

●電線管切断後の面取りに

　電線管（電線を収納し保護する管）などを切断した際、そのままの状態では切断面にバリ（細かい凹凸）が残ります。面取り器は、このバリを取り除いて切り口をなめらかにするための工具です。

　面取りを行うことで切断面が平らに仕上がり、電線管を接続するときに接着剤がしっかり付いたり、奥までしっかり差し込めるようになったりするメリットがあります。また、面取りを行っていない切り口は手を切るなど怪我の原因となる可能性もあるため、安全面からも面取りは欠かせない作業です。

●面取り器の種類

　面取り器には、管の外径の面取りをするものと内径の面取りをするものがあります。円筒状の両側がそれぞれ外径用、内径用になったタイプや、先端部分を交換することで使い分けできるタイプもあり、交換できるタイプでは、ひとつの面取り器で両方の面取りに対応することも可能です（図3-8-1）。

　また、対象となる素材によって銅管用、ステンレス管用、塩化ビニル管用、ポリパイプ用などがあるので、切断する管の種類に合わせて選択します。

●面取り器の使い方

　内径の面取りに使用するときは、電線管の切り口を面取り器の山型になった刃の部分にかぶせるようにして、そのまま管を回転させます（図3-8-2）。すると管のバリが削られてなめらかになります。また、外径のバリを取る場合は、すり鉢状にへこんだ刃の部分に管の切り口を当てて回転させます。

　面取り作業は、電線管の切断口以外にも穴をあけた箇所や切断した金属板の切り口などで必要となる作業です。面取りの箇所に応じた適切な面取り器を使用することが大切です。

図 3-8-1　面取り器（先端が交換可能なタイプ）

内径用

ブレードが交換できる

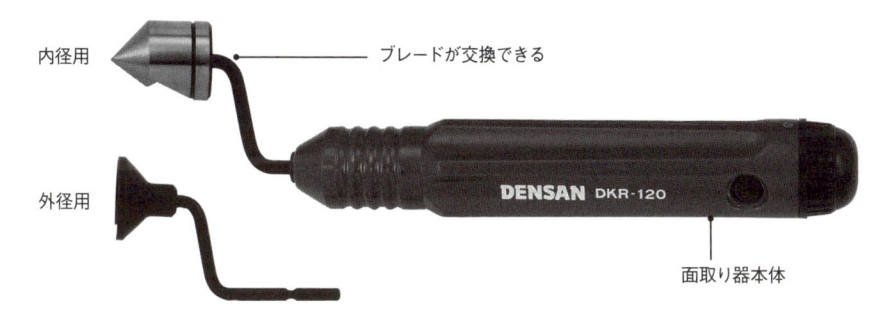

外径用

面取り器本体

（写真提供：ジェフコム株式会社）

図 3-8-2　面取り器（内径用）でバリを取る

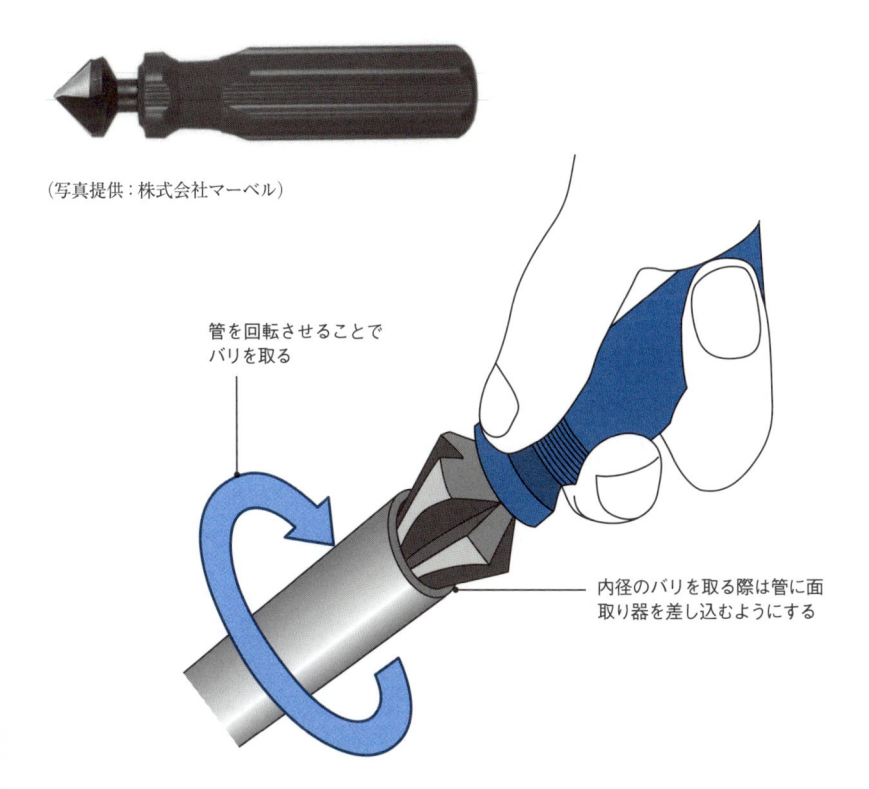

（写真提供：株式会社マーベル）

管を回転させることでバリを取る

内径のバリを取る際は管に面取り器を差し込むようにする

3-9 きり

●木ねじ取り付けの下穴に

　電気工事において、コードカバーなどの部品を固定する際には木ねじがよく使用されます。木ねじは、直接取り付け部位にねじ込むことも可能ですが、下穴をあけてから取り付けを行うとよりきれいに仕上がります。木ねじの下穴をあける際にきりを使用します。

●きりの使い方

　きりで穴をあける際には、あらかじめ穴をあける位置に印を付けておきます。こうすることで、穴の位置がずれることなく、正確に作業を行えます。そして、穴をあける面に対して垂直になるようにきりを当てて、両手の手のひらで持ち手の部分を挟むように持ち、持ち手を回転させながら手のひらを上から下におろしていきます（図3-9-1）。

　穴のあけ始めは位置がずれやすいので、ゆっくりと慎重に作業してください。また、穴をあけすぎると木ねじがきちんと固定されなくなるので注意が必要です。

●きりと木ねじの種類

　きりの種類には、先端にある３つの突起で穴をあけるネズミ歯ぎり、半円形の刃を使って丸い穴をあけるのに使うつぼぎり、小さな穴をあける四つ目ぎり、比較的大きな穴をあけるときに使用する三つ目ぎりなどの種類があります（図3-9-2）。このうち、木ねじの下穴あけには、三つ目ぎりや四つ目ぎりがよく利用されます。

　また、木ねじには、頭部が平たい形状の「皿頭」と丸く盛り上がっている「丸頭」があり、どちらも頭部に十字の穴が刻まれているのが一般的です。ネジの先端部分は全体の３分の２程度の位置までネジが切られています。さらに、木にねじ込みやすいように先端が尖っていることも特徴です。

図 3-9-1　きりを使った穴のあけ方

両手で持ち手を回す

穴をあける位置に垂直にきりを当てる

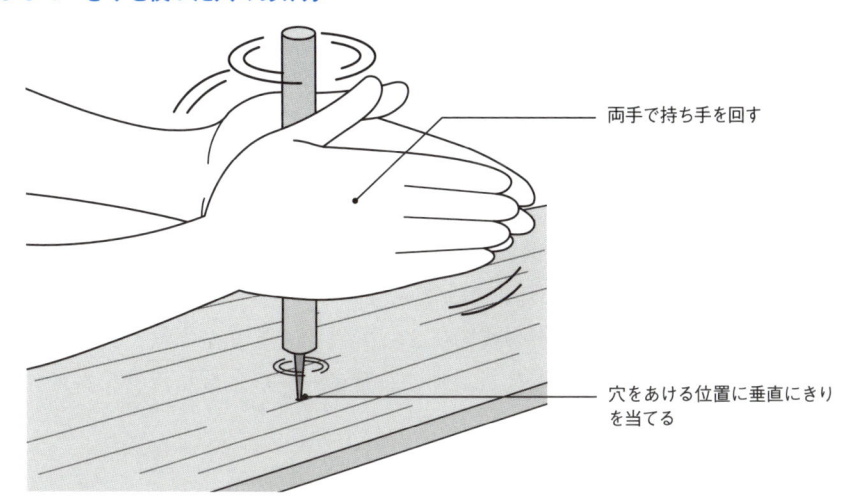

図 3-9-2　様々な刃先のきり

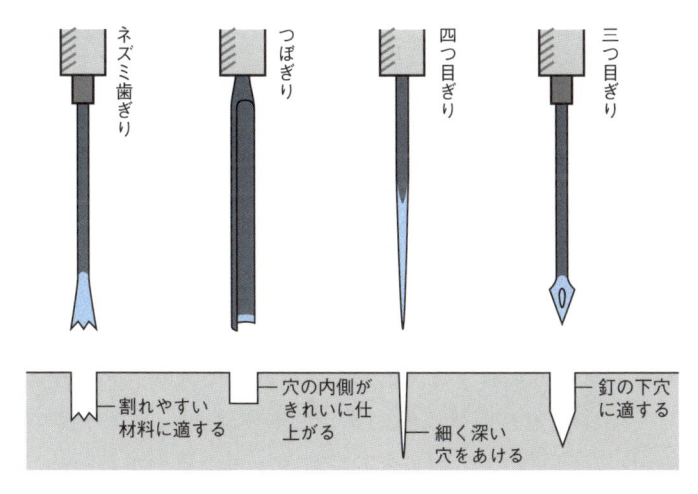

ネズミ歯ぎり／つぼぎり／四つ目ぎり／三つ目ぎり

割れやすい材料に適する／穴の内側がきれいに仕上がる／細く深い穴をあける／釘の下穴に適する

3・手動工具

75

3-10 金切りのこ

●金属管の切断に使用

　金切りのこは、その名前の通り、金属を切断するときに使用するのこぎりです（図3-10-1）。電気工事では電線管などの金属管の切断で使用します。切断可能な素材は製品や刃の種類によって異なりますが、鉄や鉛、真鍮、アルミニウムなどのほか、塩化ビニルや石膏ボードなど金属以外に対応しているものもあります。

●金切りのこの種類

　金切りのこには、柄の先端に刃が付いたシンプルな構造のものや、刃の上部にコの字型の弦が付いたもの、刃の途中まで弦があるもの、大きな弦が付き、その部分を両手で持って作業するものなどがあります。
　刃の部分は交換が可能なので、素材に合わせた刃を選択すれば、幅広く使用できることもメリットです。金属の切断に使用する刃は、木材用などに比べて目が細かいことが特徴です。
　また、持ち手部分にも様々な素材や形状のものがあるので、しっかり握れるものを選択することが重要です。

●金切りのこの使い方

　金切りのこで金属管を切断する際は、切断する素材をしっかり固定することが大切です。また、切断する金属管などに対して刃が直角になるようにして、刃を立ててゆっくり前後に動かすこともポイントとなります（図3-10-2）。刃が曲がった状態のまま作業を続けると、刃に負担がかかって折れる原因にもなるので注意が必要です。
　切断の方法にはのこぎりを引くときに力をかける「引き切り」と押すときに力をかける「押し切り」の2種類があります。アルミニウムなどの柔らかい金属には引き切りが、鉄やステンレスなどの硬い金属には押し切りがよく

使用されます。のこぎりの刃は切れる方向が決まっているため、どちらの切断方法を使用するかによって刃の取り付け方向が異なります。そのため、作業開始前に正しい方向で刃が取り付けられていることを確認する必要があります。

図 3-10-1　金切りのこ

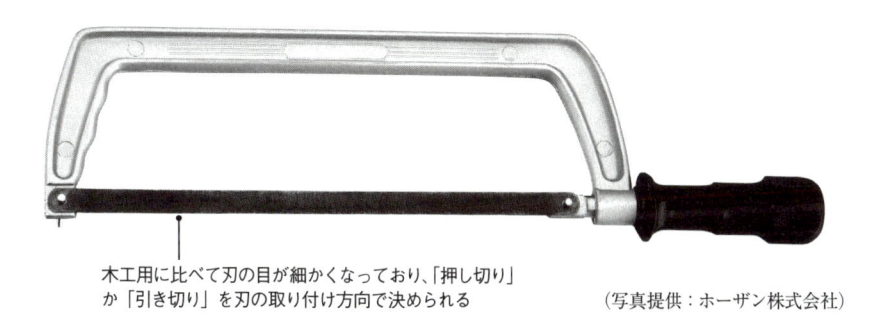

木工用に比べて刃の目が細かくなっており、「押し切り」か「引き切り」を刃の取り付け方向で決められる

（写真提供：ホーザン株式会社）

図 3-10-2　金切りのこによる切断

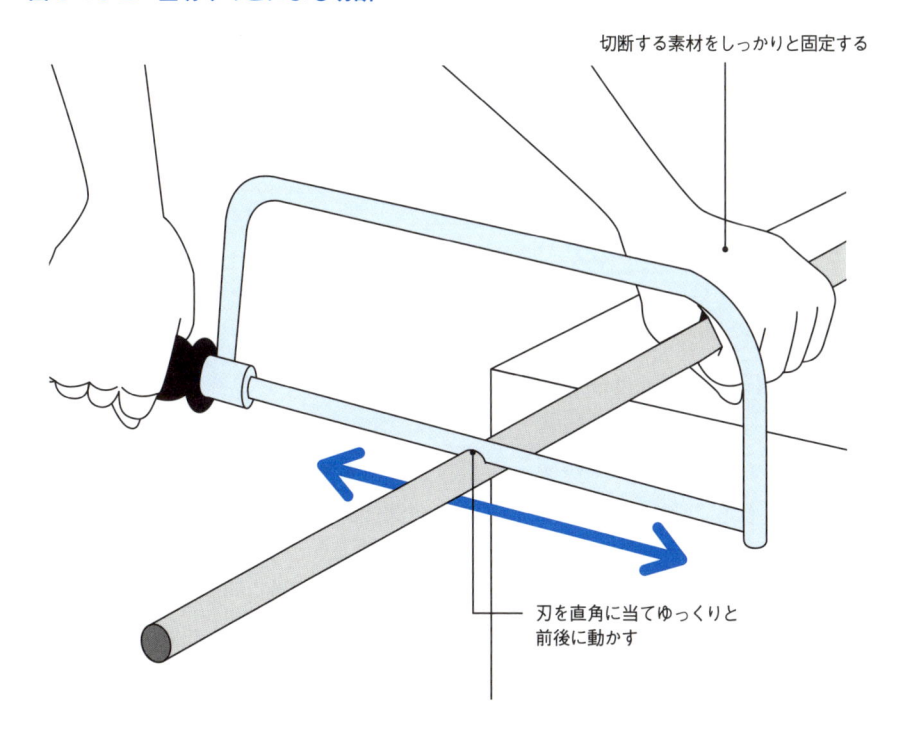

切断する素材をしっかりと固定する

刃を直角に当てゆっくりと前後に動かす

3-11 パイプカッタ

●金属管をきれいにカットする

パイプカッタは、電線管などの金属管をきれいに切断するための工具です（図 3-11-1）。本体に金属管を挟んで回転させるだけの簡単な操作でスムーズに切断でき、切り粉をあまり出さずにきれいに仕上がるなどのメリットがあります。

●パイプカッタの種類

パイプカッタには、切断できる金属の素材や太さによって様々な種類があります。対象となる金属はステンレス、鋼、銅、アルミニウム、真鍮などがあり、金属だけでなく塩化ビニル管の切断が可能な製品もあります。

切断可能な素材の厚さはパイプカッタによって異なり、同じ製品でも素材ごとに切断できる厚さの上限が異なる場合もあるので、使用前に確認が必要です。なお、細い管を切断するものはチューブカッタと呼ばれる場合もあります。

●パイプカッタの使い方

パイプカッタは、管を切断するための回転式の刃と、管を受けるローラ部分で構成され、刃の位置はネジを使って調整できるようになっています。切断作業の際には、刃とローラの間に管を置いたら、ネジを締めて固定し、管が切断されるまで本体を回転させます（図 3-11-2）。

切断している途中でネジがゆるんだら再度締め直し、管がしっかり固定されるようにすることがポイントです。溝が深まり手応えが軽くなるとパイプが切断されますので、切断口の面取りなどを行ってください。なお、パイプカッタの中には切断後の面取りが可能なカッタが付属しているものもあります。

パイプカッタの刃は交換式となっているので、刃が古くなったり、傷んで

きたりしたら適宜交換を行ってください。また、1つの製品に対して切断する金属の種類に応じた複数の替刃が用意されている場合もあります。この場合は用途に応じて刃を交換すれば、1台の本体でより多くの種類の金属管に対応できます。

図 3-11-1　パイプカッタ

回転式の刃

ローラ部分

ネジを使って刃の位置が調整できる

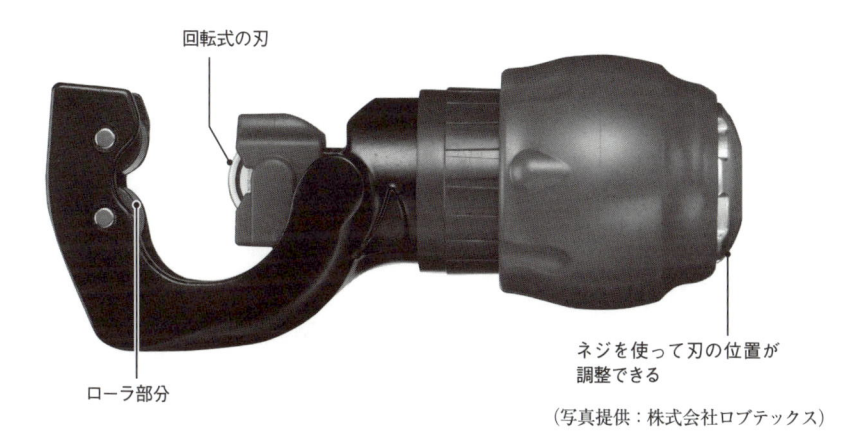

（写真提供：株式会社ロブテックス）

図 3-11-2　パイプカッタを使ってパイプを切る方法

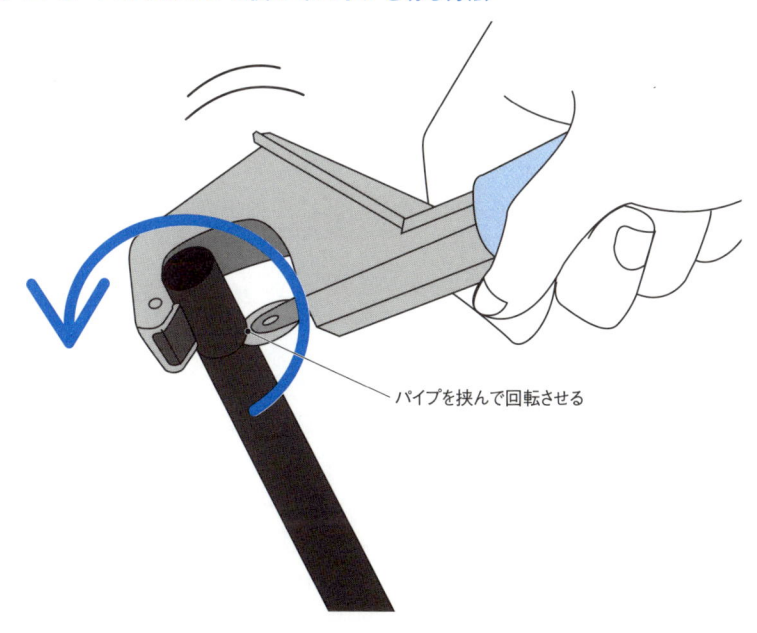

パイプを挟んで回転させる

3-12 パイプベンダ

●金属管の曲げ加工に使用

　パイプベンダはチューブベンダと呼ばれることもあり、金属管などを曲げるときに使用する工具です（図3-12-1）。本体の目盛に合わせることで角度を確認しながら曲げることができます。電気工事ではエアコン設置工事における配管の曲げ加工などによく利用され、手動で加工を行うタイプのほかに電動式のものや油圧式のものもあります。

●パイプベンダの種類

　パイプベンダは、加工の対象となる金属の種類やパイプの太さによって使い分けが必要です。銅やアルミニウムなどの比較的柔らかい金属に使用できるものと、鉄やステンレスなどの硬い金属に使用するものがあり、それぞれのパイプベンダで加工できるパイプの外径も決まっています。

　また、柔らかい金属管が曲げ加工時につぶれないようにするためのスプリングベンダと呼ばれる工具もあります。軟銅などの柔らかい金属は、そのまま曲げ加工を行うとパイプがつぶれてしまうため、スプリングベンダで保護しながら加工を行います。外径用と内経用があり、それぞれ管の外径や内径に合わせた数種類のサイズが用意されています。加工する部分に外径用のスプリングベンダをかぶせるか、パイプの内部に内経用のスプリングベンダを入れた状態で曲げ加工を行います。

●パイプベンダの使い方

　パイプベンダは、2本のハンドルの間に目盛の付いた円形のプレートが設置され、ハンドルの間にパイプを挟んで固定できる構造になっています。曲げ加工を行うときは、まず、パイプの曲げる位置（端からの長さ）を測り、その位置に印をつけます。そして、本体にパイプを挟み、印をパイプベンダに表示されたマークに合わせ、本体でパイプを挟んで力を加えます（図

3-12-2)。
　このときに重要なのが、パイプベンダの円形部分に表示された目盛で曲げる角度を確認しながら作業を行うことです。曲げたい角度の目盛の位置まで、ゆっくりと力を加えます。

図 3-12-1　パイプベンダ

目盛に合わせて曲げ角度を調節できる

使用できるパイプの太さを確認する

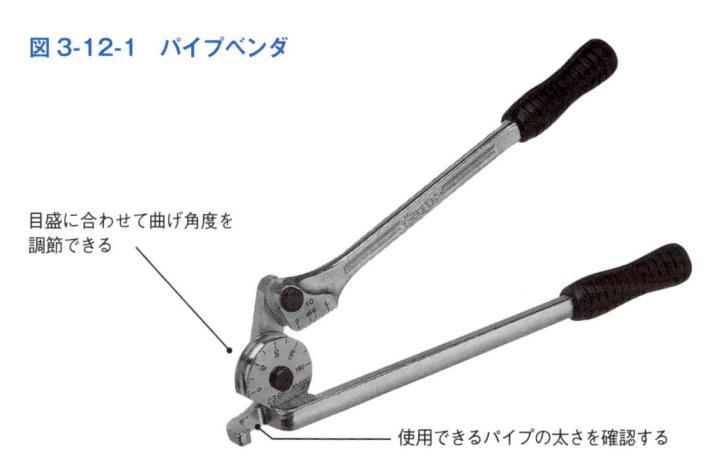

（写真提供：株式会社スーパーツール）

図 3-12-2　パイプベンダによるパイプの曲げ加工

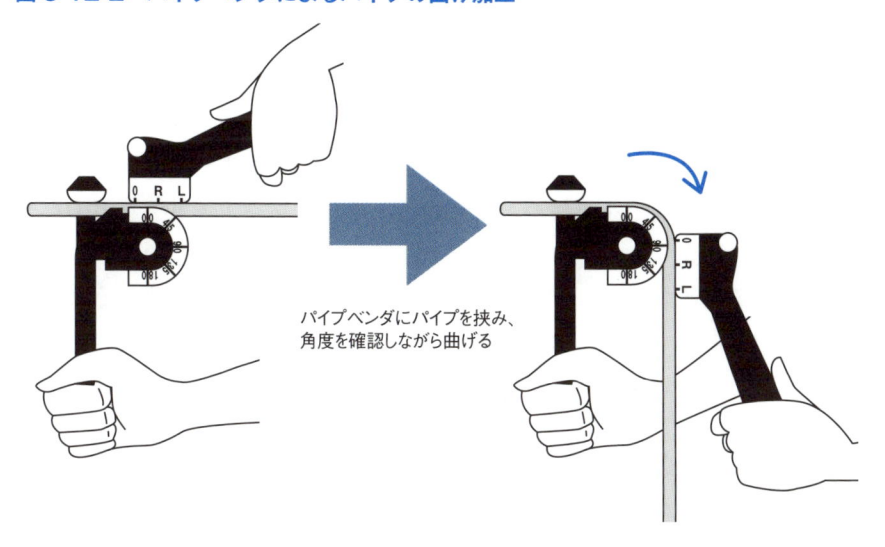

パイプベンダにパイプを挟み、角度を確認しながら曲げる

3-13 プリカナイフ

●プリカチューブの切断に使用

　プリカナイフは、電線管の1種であるプリカチューブの切断に使用する専用ナイフです（図3-13-1）。パン切り包丁のようなギザギザした刃先が特徴で、これを前後に動かしながら切断を行います。プリカチューブは切断時に変形しやすい特徴がありますが、プリカナイフを使用することで変形がなくきれいに切断できます。また、コンパクトで持ち運びがしやすいこともメリットです。

●プリカチューブとは

　プリカチューブは、管本体を折り曲げることができる性質（可とう性）をもった金属製の電線管です。JIS規格（JIS C 8309）では「金属製可とう電線管」として規格が定められており、電気工事ではJIS規格に適合したものを使用します。

　電気工事における屋外配線をはじめ、コンクリート埋設配線にも使用され、通常のタイプのほか防水仕様のものや防水・耐寒仕様のものがあります。また、管の太さも内径が9.2mmから100.2mmまで多くのサイズが用意されており、それぞれのサイズの管に合わせた付属品もあります。

　付属品には、管同士を接続するためのカップリングやスイッチなどの電気機器やボックス類のノックアウト（接続用の穴）と接続するためのコネクタ、管を固定するためのサドルなどが用意されています。これらもそれぞれ通常用と防水用があるので、防水タイプのプリカチューブには、防水用の付属品を使用してください。

●プリカナイフの使い方

　プリカナイフを使ってプリカチューブを切断するときは、管が動かないように固定した状態で管に対して直角にナイフを当て、前後に動かしながらナ

イフを入れていきます（図 3-13-2）。切断作業においてはほかの電線管の切断と同様に、あらかじめ必要な長さをきちんと確認して過不足なく切断することが大切です。

図 3-13-1　プリカナイフ

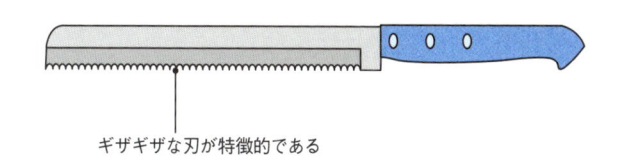

ギザギザな刃が特徴的である

図 3-13-2　プリカチューブの切断方法

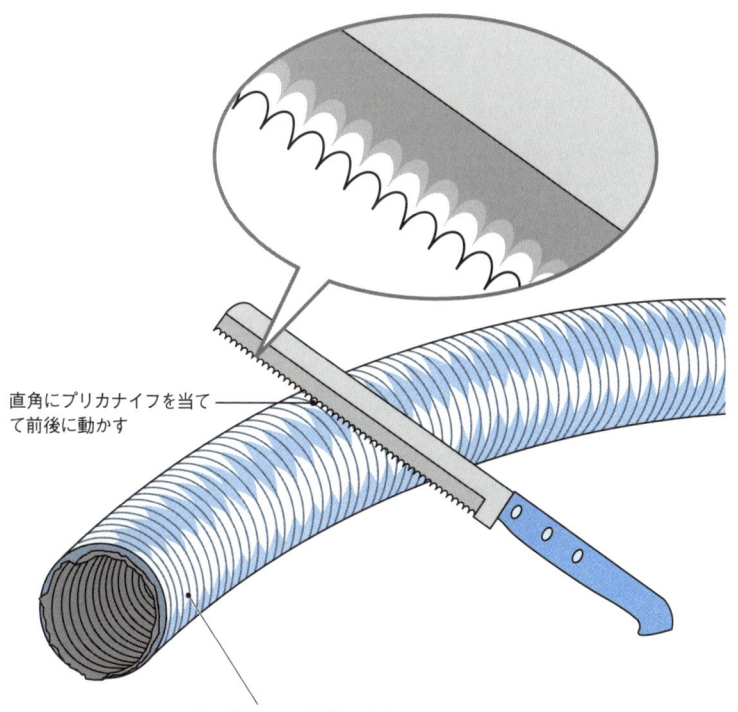

直角にプリカナイフを当てて前後に動かす

金属製可とう電線管（プリカチューブ）

3・手動工具

83

3-14 パイプレンチ

●パイプをつかんで作業する

　パイプレンチは、ネジを切った電線管にカップリングを取り付けるための工具です（図3-14-1）。電線管は丸い形状をしているため、モンキーレンチなどでは滑ってしまい、つかむことができません。パイプレンチは、力を加えるとくわえ部が締まる構造になっており、管をしっかりつかむことができます。

●パイプレンチの利用シーン

　パイプレンチが必要となるのは、電線管にネジを切って接続を行う場合です。電線管の接続では、専用の工具を使って接続部分にネジを切ったパイプを、カップリングやベンドなどの継手を使用して接続します。継手の種類には、2本の管をまっすぐつなぐカップリングや、ゆるやかに曲げながら接続するベンド、直角に接続するユニバーサルなどがあります。

　なお、電線管の接続ではネジを切らずに接続する場合もあります。この場合はネジなし電線管と呼ばれる専用の管を使い、継手もネジなし電線管用のものを使用します。

●パイプレンチの使い方

　パイプレンチは、管をつかむための歯がついた上あごと、それを受ける歯のついた本体で構成され、上あごは調整用のナットによって締め付けできるようになっています。

　上あごと本体の間に管をはさんで調整用のナットを締めたら、本体のハンドルを持って回します。すると本体の機構の働きによって、管をくわえた上あごと本体がよりきつく締め付けられます。逆に回すと上あごの締め付けがゆるみ、パイプレンチを管から外すことができます。このしくみはラチェット機構と呼ばれ、ラチェットレンチ（3-7参照）などでも使われています（図

3-14-2)。

　管の締め付けに使う工具にはこのほかに、チェーンレンチがあります。これはチェーンを管の周囲に巻きつけて使用するもので、太いパイプの締め付けなどで使われています。

図 3-14-1　パイプレンチ

- 上あご
- ナットを回すことで上あごの位置を調節する
- パイプをつかめるように歯がついている

（写真提供：株式会社ロブテックス）

図 3-14-2　パイプレンチを使って電線管を締め付ける

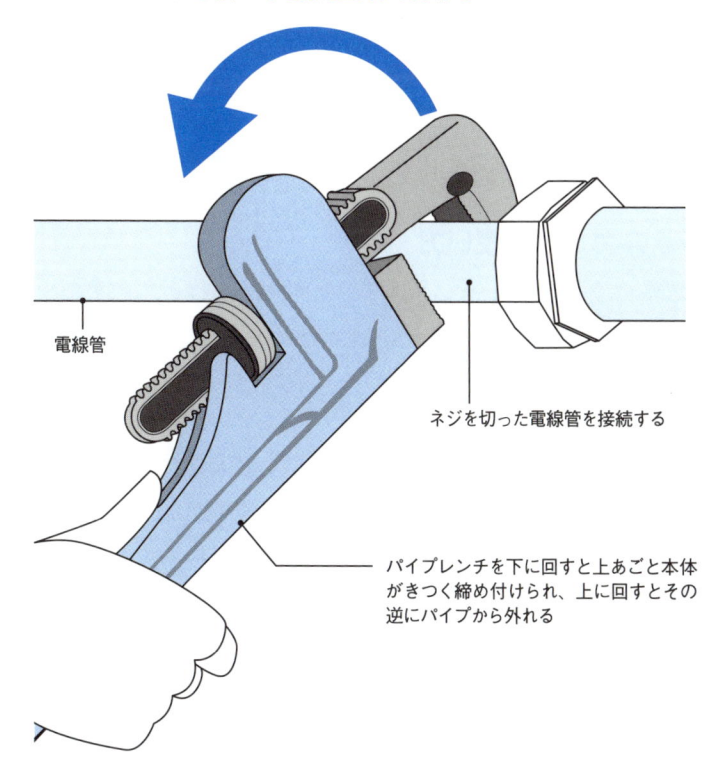

- 電線管
- ネジを切った電線管を接続する
- パイプレンチを下に回すと上あごと本体がきつく締め付けられ、上に回すとその逆にパイプから外れる

3-15 チャンネルカッタ

●チャンネルカッタとは

　エアコンや照明器具の取り付けでは、天井に取り付けのための穴をあける開口作業が必要になる場合があります。そのときに、不要な天井下地を取り除くために使用するのがチャンネルカッタです（図3-15-1）。軽天と呼ばれる天井下地に使用される軽量鋼材を簡単に切断できるため、工事の効率化につながります。

●軽天とは

　軽天とは天井ボードを取り付ける骨組みの部分に軽量鋼材を使用した天井下地です。これらの骨組みのうち、野縁と呼ばれる横木部分に使われるものをチャンネル（Cチャンネル、Cチャン）、野縁に対して直角に配置される野縁受けに使われるものをMバーと言います。

　エアコンや照明器具の設置工事では、邪魔になるチャンネルやMバーを取り除いたうえでエアコンなどの埋め込みを行います。

●チャンネルカッタの使い方

　チャンネルカッタは、チャンネルやMバーに合わせた形状の刃をもっていることが特徴です。チャンネルやMバーの切断したい位置をカッタではさみこむだけで簡単に切断できるため、切断箇所の多い設置工事もスムーズに進められます（図3-15-2）。

　チャンネルカッタを使わずにのこぎりなどで軽天素材を切断することも可能ですが、作業に時間がかかることに加えて、切粉が多く発生するため周囲を汚してしまう可能性もあります。金属の切粉は目に入ると大変危険なため、安全面からも無理な切断をせず、チャンネルカッタを使用することは重要な意味を持ちます。

　なお、チャンネルカッタにはチャンネルとMバーの両方が切断できるも

のと、チャンネル、Mバーのいずれかのみに対応したものがあるので、使用時には確認が必要です。

図 3-15-1　チャンネルカッタ

チャンネルやMバーの形に合った溝が付いている

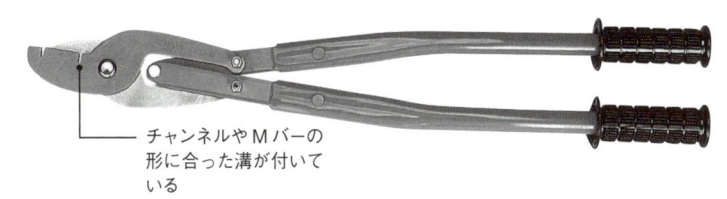

（写真提供：ジェフコム株式会社）

図 3-15-2　チャンネルカッタによる軽天素材の切断

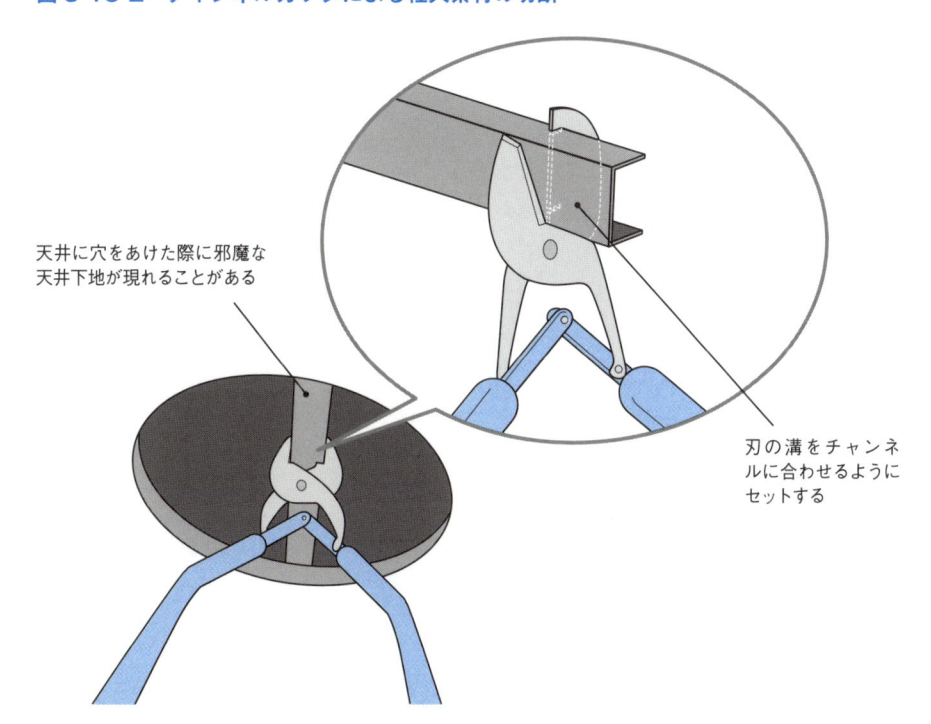

天井に穴をあけた際に邪魔な天井下地が現れることがある

刃の溝をチャンネルに合わせるようにセットする

❗ JISとは

　JIS（ジス）はその独特のマークでも知られる日本の最も一般的な国家規格のひとつです。正式名称を「日本工業規格（Japanese Industrial Standards）」と言い、工業標準化法（昭和24年制定）に基づき、日本工業標準調査会（JISC）が制定する、日本の鉱工業製品の国家規格です。それぞれの主務大臣が工業基準として制定し、全製品とも工業の維持発展、能率向上などに適した製品に認められるものです。2014年3月末現在で、10,525件のJISが制定されています。

　JISの制定にはまず原案が各分野の関係団体によって作成されます。その後日本工業標準調査会の審議を経て、各担当大臣（主務大臣）に申請されJISとして制定されることになります。日本工業標準調査会には大学、産業界、消費者代表、学識経験者などから構成される総会、その下で各部門別の審議を行う標準部会や適合性評価部会、さらに個別のJISを審議するそれぞれの専門委員会があります。

　JISをはじめとした規格は、個別の規格番号をもちます。JISの規格番号は「JIS」で始まり、その後ろに分野を表すアルファベット1文字、番号、発行年が付記されます（例：JIS X 0208:1997）。ひとつの規格が複数のパートに分かれる場合は、番号に続けてハイフンが入れられ枝番が表示されます。

　日本はJISのような鉱工業に関しての規格に適合する製品を各方面の産業で活用することを進め、それを徹底することに努めました。その結果、鉱工業製品の安定的な品質維持と、それらの製品から生産される製品の品質の維持向上を果たすことができたと言っても過言ではありません。日本の工業を支える優秀な技術者たちの頼りになる道具の基準としてJISは存在したのです。

　今日の日本の工業の発展の影にはJIS規格の制定が大きく関与していることは間違いありません。

第4章

油圧式工具

油圧式工具とはポンプなどの力を
油を介して伝えることで駆動力を得る工具です。
工事の現場では人の力だけでは行えない加工もあります。
そのようなときは油圧式工具を使うことで、
大きな力を材料に加えることができます。
強力な工具なので使用場面、使用方法には注意が必要です。
本章では油圧式圧着工具や油圧式パイプベンダといった
油圧式工具について説明します。

4-1 油圧式圧着工具

●圧着端子を接合する

　油圧式圧着工具は、油圧によって電線と圧着端子を接合するための工具です（図4-1-1）。油圧システムとは、重機などにも利用されているしくみで、小型のポンプを利用して大きな圧力をかけるシステムです。油圧式圧着工具を使用すれば、小さな力で確実に圧着端子の接合を行えます。

●なぜ油圧式圧着工具を使用するのか

　圧着端子を正確に取り付けることは、電気工事において非常に重要です。圧着工具は、作業完了後に正確に圧着したことを示す「圧着マーク」が刻印されるしくみになっています。

　圧着工具には手動で操作するものもありますが、太い電線の場合、手動の工具では十分な圧着ができません。そのような場面で、油圧を利用して強力に圧着する油圧式圧着工具が活躍します。

●油圧式圧着工具の使い方

　圧着作業においては、使用する電線の太さに合わせた圧着工具を使用することが大切です。サイズの合わない工具を使用すると、正確に圧着できなかったり、被覆が破れてしまったりといったトラブルにつながる可能性があるためです。

　油圧式圧着工具は、圧着端子を挟む部分に取り付けるダイスと呼ばれる部品を交換することで、様々なサイズや形状の圧着端子に対応できるようになっています。作業にあたっては使用する圧着端子を確認し、必ず対応したダイスを使用するよう注意が必要です。

　油圧式圧着工具に圧着端子を挟んだら、本体に設置されているダイヤルを「圧着」の方向に切り替えます。ハンドルの可動側を上にして本体を床などに置いて固定したら、ダイス部分に圧着端子を差し込み仮止めします。そし

て、絶縁被覆を剥ぎとった電線を圧着端子に差し込み、ハンドルを操作して圧着を行います（図4-1-2）。圧着が完了すると定圧弁が作動し、作動音が変わります。ダイヤルを解除して電線を外せば圧着は完了です。

図4-1-1　油圧式圧着工具

ダイスを交換することで様々なサイズの電線に対応する

手動の圧着工具（2-3参照）では圧着できないサイズの電線においては油圧式圧着工具を使用する

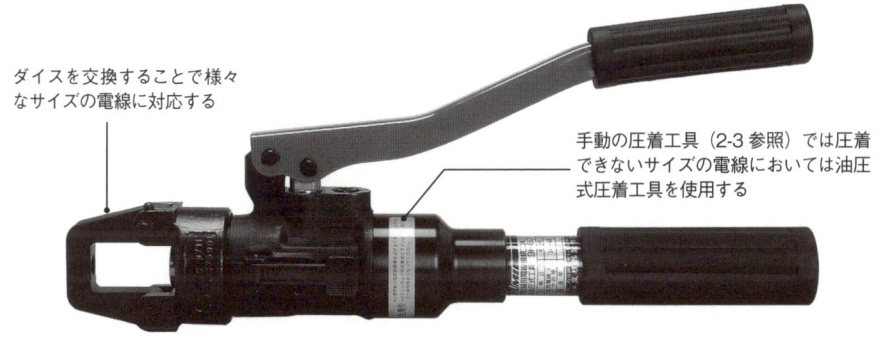

（写真提供：株式会社泉精器製作所）

図4-1-2　油圧式圧着工具による圧着方法

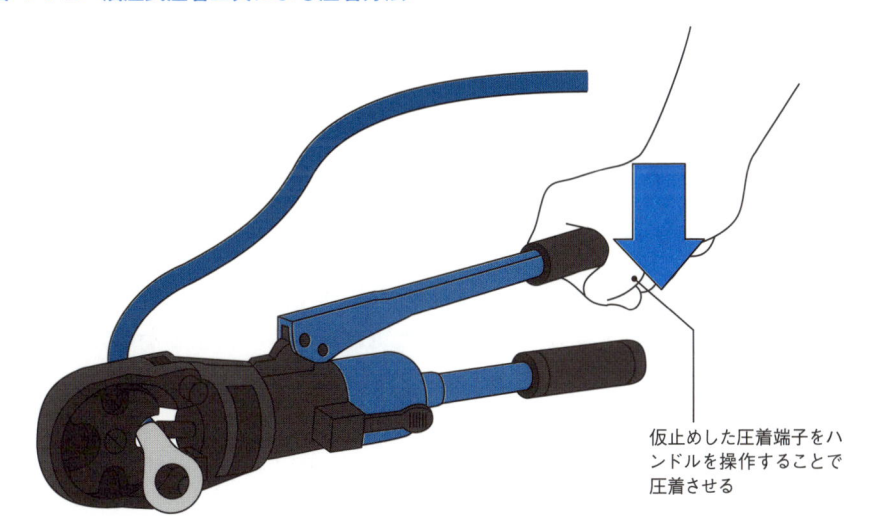

仮止めした圧着端子をハンドルを操作することで圧着させる

4-2 油圧式圧縮工具

●太いケーブルに端子を取り付ける

圧縮とは、太いケーブルの端に端子を取り付ける工程のことで、油圧式圧縮工具は、そのために使用する工具です（図4-2-1）。本体に小型の油圧ポンプを接続して油圧をかけることで圧縮を行います。

●油圧式圧着工具との違い

油圧式圧縮工具は、外見も使用目的も油圧式圧着工具に非常によく似ています。圧着工具では端子の一部に力をかけ、端子を潰すことで電線に端子を取り付けるのに対し、圧縮工具では端子に均等に力をかけることで、端子のゆがみを抑えます。圧縮工具はダイス部分が左右対称の半円状で、2つの凹面を両側から押し付ける構造をしています。そのため、端子に均一に圧力をかけることが可能となり、ケーブル切断の心配もなく、端子の気密性も高くなります。結果として、圧縮端子は圧着端子に比べ信頼性が高く、発電設備や変電設備の主回路接続部といった大電流が流れる部分など、高い信頼性が必要な箇所に使用されます。

●油圧式圧縮工具の使い方

油圧式圧縮工具も、圧着工具と同様に使用する圧縮端子に合わせたダイスを選択します。ダイス部分で圧縮端子と電線を挟み、油圧をかけて圧縮を行います（図4-2-2）。

圧縮端子の種類には、先端部分が長方形のC型や楕円形のD型、TR型などがあります。また、電線同士の接続には、PスリーブやEスリーブ、電線の分岐にはT型コネクタを使用します。

●電線の太さを表す単位

電線の太さを表す方法としては、心線の外径などをミリで示す方法がよく

使われますが、心線の断面積の太さを「AWG」(アメリカンワイヤーゲージ)や「sq」(スケア) という単位で表すこともあります。AWG は電線が太くなるほど数値が小さくなり、sq は電線が太くなるほど数値が大きくなります。

圧着端子や圧縮端子は、それぞれ適用できる電線の範囲が決まっています。電線が sq でサイズ表示され、圧着端子や圧縮端子の対応表はミリ表記といった場合には、換算が必要となります。

図 4-2-1　油圧式圧縮工具

圧着工具とは異なり、ダイスが2つの半円を合わせた形状である

(写真提供：株式会社泉精器製作所)

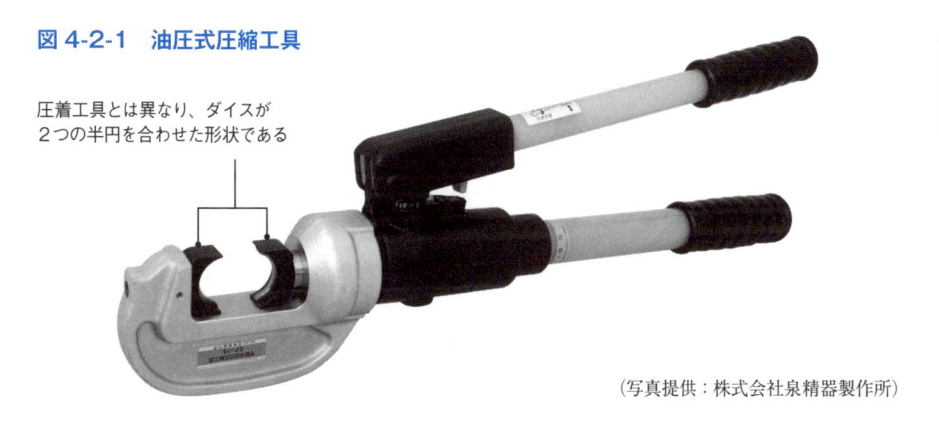

図 4-2-2　油圧式圧縮工具による圧縮後の様子

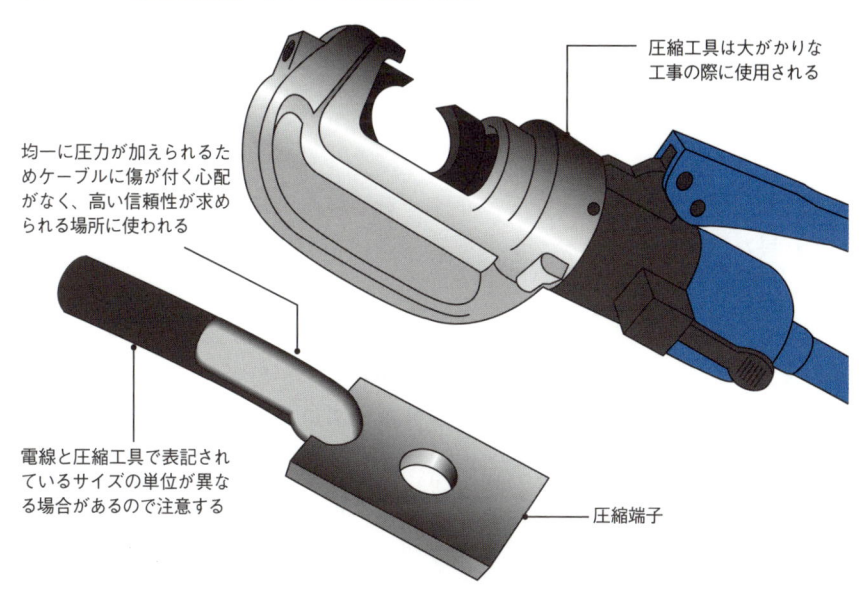

圧縮工具は大がかりな工事の際に使用される

均一に圧力が加えられるためケーブルに傷が付く心配がなく、高い信頼性が求められる場所に使われる

電線と圧縮工具で表記されているサイズの単位が異なる場合があるので注意する

圧縮端子

4・油圧式工具

4-3 油圧式パンチャ

●配電盤などの穴あけ作業を簡単に

電気工事では電気を建物内に引き込むために、様々な金属板に穴をあける作業が発生します。油圧式パンチャは、油圧を利用して金属板に穴をあける工具です（図4-3-1）。手動で金属を切り抜くホールソー（6-5参照）よりきれいに加工でき、大きな穴をあけやすいことが特徴です。

●油圧式パンチャの使い方

油圧式パンチャは、本体と本体に取り付けて使用する軸、金属板を挟むように使用するダイスと呼ばれる2枚の刃で構成されています。

穴あけの作業では、最初にパンチャの軸を通すための下穴をあけ、その穴に刃を取り付けた軸を差し込みます。そして、反対側からもう片方の刃を取り付けてナットで固定したら、ハンドルを繰り返し動かします（図4-3-2）。金属が打ち抜かれて穴があいたらナットをゆるめてパンチャを取り外します。

●油圧式パンチャの特徴

油圧式パンチャで使用できる刃には、丸形のもののほか、四角い穴をあけられるタイプもあります。また、サイズも様々なものが用意されているので、必要に応じて使い分けることができます。対応する金属板の素材や厚さは製品により異なりますが、ステンレスや鉄、鋼材などに対応したものが一般的です。

油圧式パンチャの最大のメリットは、手動では手間のかかる金属板への穴あけを素早く行える点にあります。また、切りくずを出さずに作業できることも利点です。ホールソーなどの工具を使用する場合、金属の切りくずが発生するため、どうしても周囲が汚れがちになります。また、塗装された金属板を加工する場合には、塗装を傷付けてしまう可能性もあります。

これに対し、油圧式パンチャは金属を切るのではなく一気に打ち抜くしく

みなので、切りくずによる汚れや塗装の剥がれなどがなく、きれいに穴をあけることが可能になります。

図 4-3-1　油圧式パンチャ

上の刃は一度取り外し、穴をあける部分を挟むように取り付ける

（写真提供：株式会社泉精器製作所）

図 4-3-2　油圧式パンチャにより金属板に穴をあける

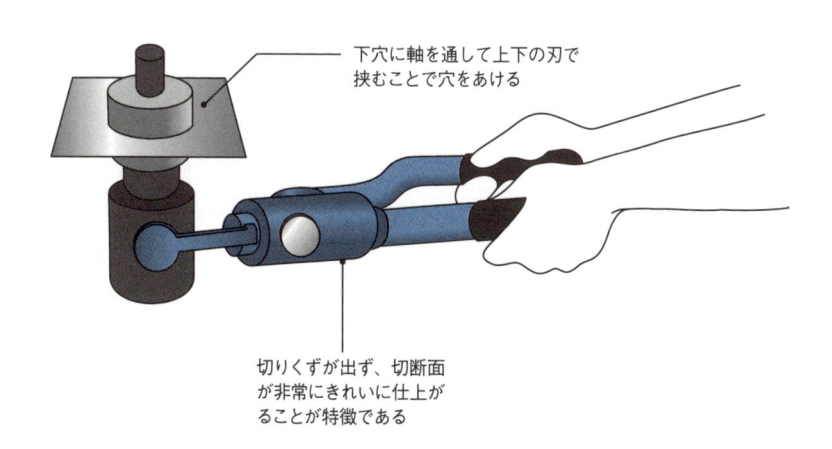

下穴に軸を通して上下の刃で挟むことで穴をあける

切りくずが出ず、切断面が非常にきれいに仕上がることが特徴である

4-4 油圧式パイプベンダ

●油圧でパイプを曲げる工具

　電気工事では、配線用の電線管（電線を収納するための管）を曲げる作業が頻繁に発生します。油圧式パイプベンダは、油圧を利用してパイプを曲げる工具で、手動タイプのパイプベンダより太いパイプを加工できます（図4-4-1）。

●油圧式パイプベンダの使い方

　油圧式パイプベンダでパイプを曲げるときは、まず、曲げ加工の角度に応じたアタッチメントを本体に装着します。そして、ベンダの先端部分にパイプを設置して油圧をかけると、アタッチメントがパイプを押し出すように動いてパイプを曲げていきます（図4-4-2）。

　油圧式パイプベンダには、電動式と手動式のものがあります。手動の場合はほかの油圧式工具と同様に、ハンドルを繰り返し動かすことによって油圧をかけます。一方の電動式の場合は、電動油圧ポンプを本体に接続して油圧をかけていきます。また、手動ポンプと電動ポンプを付け替えることで電動・手動の両方に対応できるパイプベンダもあります。

●手動式パイプベンダとの使い分け

　パイプベンダには、油圧式のほかに、第3章で紹介した手動タイプのものもあります（3-12参照）。両者の最大の違いは、対応するパイプの太さです。

　なお、パイプの太さの表し方には、外径をミリで表す「JIS配管」、ミリまたはインチで表す「ANSI配管」のほかに、mm系である「A呼称」、インチ系である「B呼称」などの呼び方があります。たとえば、外径34.0mmのパイプであれば、A呼称では「25A」、B呼称では「1B」となります。同じサイズのパイプが異なる呼び方で表現されるので、工具選びにあたって換算が必要となる場合もあるでしょう。また、同じ外径でもJIS配管とANSI

配管でサイズが異なるものもあるので注意してください。

図4-4-1　油圧式パイプベンダ

曲げの角度に応じて
アタッチメントを交換する

(写真提供：株式会社泉精器製作所)

図4-4-2　パイプベンダを使ってパイプを曲げる

油圧

パイプベンダの先端にパイプを挟み、
油圧によって曲げる。ただし、急激に力を
加えるとパイプが折れるので注意が必要

4・油圧式工具

❗ パイプの太さの表し方について

パイプの太さの表し方にはいくつかの方法があります。

まず、パイプの外径を表すには「呼び径」という方法が用いられます。呼び径には「A呼称」と「B呼称」の二通りがあります。A呼称はmm系の表し方で、100Aは「100えー」と読みます。B呼称はインチ系の表し方で、4B、6Bは「4インチ」「6インチ」と読みます。どちらの呼び径で表しても、表している外径サイズは同じになり、たとえば15Aのパイプは1/2Bのパイプと同じものをさします。

さらに「JIS配管」と「ANSI配管」という太さの表し方も存在します。日本で生産されるパイプはJIS配管が主になりますが、海外で生産された装置ではANSI配管のパイプしか使えないといった場合もあります。

以下が4つの呼び径の比較表になります。それぞれ若干外径サイズが異なるものもありますので、外径サイズの確認は欠かせません。

パイプの太さの換算表

A呼称	B呼称	JIS配管（mm）	ANSI配管（インチ）
6	1/8	10.5	0.405
8	1/4	13.8	0.540
10	3/8	17.3	0.675
15	1/2	21.7	0.840
20	3/4	27.2	1.050
25	1	34.0	1.315
32	1・1/4	42.7	1.660
40	1・1/2	48.6	1.900
50	2	60.5	2.375
65	2・1/2	76.3	2.875
80	3	89.1	3.500
90	3・1/2	101.6	4.000
100	4	114.3	4.500
125	5	139.8	5.563
150	6	165.2	6.425
200	8	216.3	8.625
250	10	267.4	10.75

第5章

電動工具

電動工具は電気エネルギーを駆動力とする工具です。
電動工具は作業の効率化に大きく貢献する
大変便利な道具ではありますが、
気をゆるめると大きな怪我につながる危険性もあります。
常に緊張感を持って使用するように心がけてください。

5-1 インパクトドライバ

●インパクトドライバ

　インパクトドライバはネジの締め外しを電動で行う工具です（図5-1-1）。

　電気工事の現場ではネジの締め外しは頻繁に行われます。これらの作業はもちろん手動でも行えますが、電動工具でネジを締めたり外したりできれば作業もより効率的になります。

　インパクトドライバの先端部はプラス（＋）、マイナス（－）などネジ形状に応じて交換が可能です。使用の際には、内蔵のモータの回転が回転軸を通して先端部に伝わることでネジが締まります。

●インパクトドライバの使い方

　インパクトドライバは一般的に拳銃型で持ちやすくできており、握った手元のスイッチにより稼働します。ネジの締め付け・取り外しは本体の別の部分に設置されている切り替えボタンで自由に切り替えられます。ネジの締め付けばかりではなく、ネジの取り外しも簡単にできるので、電気工事現場でも多くの作業員たちに愛用されています（図5-1-2）。

　ネジの締め付け、取り外しに必要な力は状況によって異なります。特にネジの締め付けの際の最後のネジ締め、取り外しの際の最初のネジゆるめはほかの箇所に比べて力のいる作業です。電動式のインパクトドライバにはこのような状況を感知する機能が備わっていて、強く押し込むことでそれを感知して、回転部分が特別に強い力を発揮するような構造になっています。このため、一般的な作業では細かな設定を気にせず、次々とネジの締め外しの作業ができます。ただし、インパクトドライバが出力できる力を上回るような力が必要な場合は、ネジ締めの最初または最後だけ人力によって行う必要があります。最近は電源を必要としない軽量な充電式のコードレスインパクトドライバも増えており、工具ホルダに取り付けて持ち歩けるものも多くなってきています。

図 5-1-1　インパクトドライバ

先端部を取り替えることで
いろいろなネジに対応する

（写真提供：株式会社マキタ）

図 5-1-2　インパクトドライバでネジを締める

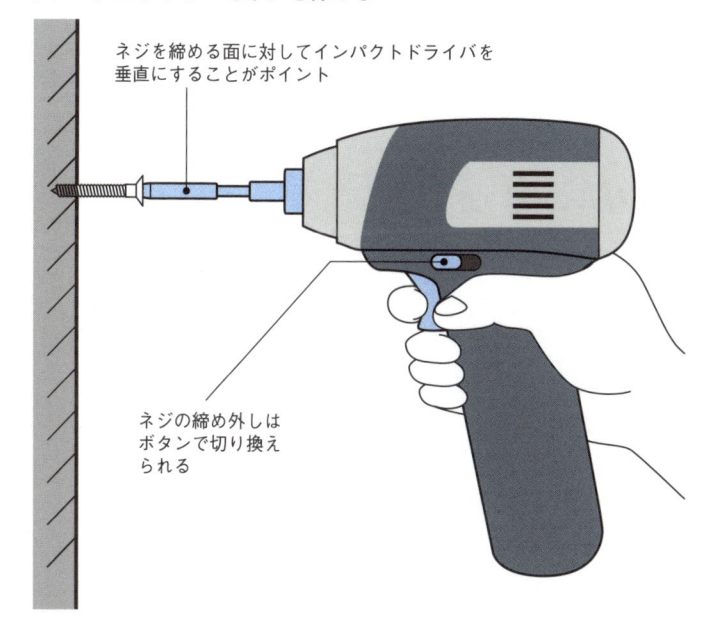

ネジを締める面に対してインパクトドライバを
垂直にすることがポイント

ネジの締め外しは
ボタンで切り換え
られる

5・電動工具

101

5-2 ハンマドリル

●ハンマドリルの構造

　ハンマドリルは電動工具の先駆けと言っていい工具です。電動式のモータの回転をクラッチなどの電動装置を通して回転軸に伝え、回転軸に取り付けられたドリル部分を回転させ木材や金属に穴をあけます。つかみやすい拳銃型で、人差し指の部分にスイッチがあるものが一般的です（図5-2-1）。

　ハンマドリルのドリル部分には過剰な負担がかからないようクラッチ機能が付いており、ドリルでの穴あけ作業の際、ドリル部分が非常に硬質な対象物につき当たってしまった場合には、電動装置の回転が刃先に伝わらないようになっています。

　ハンマドリルは充電式による携帯化が進み、また小型軽量化が進んでいます。回転軸先端部に取り付ける機材も多様化し、穴あけだけでなく研磨や研削、ネジの締め付けやゆるめなど多様に使い分けることも可能な多目的仕様になっているものもあります。

●ハンマドリルの使い方

　ハンマドリルは強い力で回転軸を回転させ、硬い先端部を穴をあける対象にねじ込んでいく機械です。利用の際には、強い力が加わりますので、注意して作業にあたる必要があります。作業がうまくいかないときは無理をせず、先端部品の確認など慎重に作業にあたる必要があります（図5-2-2）。

(1) 穴をあける対象物と穴の大きさ、深さなどを確認します。
(2) 穴をあけるのに適当な先端部品を選びます。
(3) ハンマドリルに先端部品を取り付けます。
(4) ハンマドリルの先端を掘削対象にしっかり当てます。
(5) ハンマドリルが起動しても動いたり、弾かれたりしないようにしっかり手で握ります。
(6) スイッチを押しさらに握り込みます。

(7) ドリルが穴をあけていることを確認しながらハンマドリルを押し込みます。
(8) 目的の深さまで穴が到達したら、スイッチを離します。
(9) ゆっくり引き抜きます。

図 5-2-1　ハンマドリル

重さやパワー、充電式かどうかなど作業環境に応じて機種を選択する

先端を交換することでネジ締めも行える

（写真提供：株式会社マキタ）

図 5-2-2　ハンマドリルで壁に穴をあける

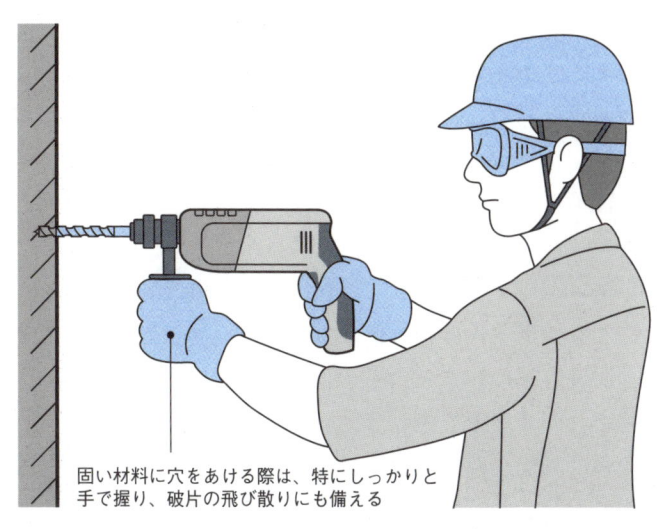

固い材料に穴をあける際は、特にしっかりと手で握り、破片の飛び散りにも備える

103

5-3 電動丸のこ

●電動丸のこの特徴

　電気工事では金属や木材の切断作業が欠かせません。ケーブル配線のための配管の切断や埋込み照明の開口作業、壁面のコンセントボックスの取り付けなど素材も様々です。天井や床、壁、屋根裏など作業場所も多彩です。

　材質の違いや硬さに合わせて必要となる切断用具も多くなりがちです。そのようなとき、便利なのが電動丸のこです。電動丸のこは電気工事で使う様々な材質に刃を交換するだけで対応できる電動工具です（図5-3-1）。電気工事の場面で使われる電動丸のこは多様な使用場面を想定して、軽く持ちやすいようにデザインされており、刃にもカバーが付いているなど安全にも配慮されていますが、非常に危険な道具なので使用には細心の注意が必要です。

●電動丸のこの構造

　電動丸のこは丸のこを電動で動かして切る作りです。丸のこは上下ともに安全カバーで覆われ、切断面に従い下のカバーがずれるようになっています。スイッチは丸のこの上部、安全カバーの上にあって、電動丸のこを抑えながら操作できます。刃の前後左右もベースなどに守られ安定して切断できるように保護されています。また、電動丸のこは斜めの切断にも対応できるよう刃の角度も調整できます。

●電動丸のこの使い方

　電動丸のこを使用するときは回転部に巻き込まれないように軍手などの手袋はせず、服装も袖のしまったものにしましょう（図5-3-2）。
（1）工作物に合わせた刃を選びます。
（2）本体の角度調整を確認します。
（3）切断面に刃を合わせしっかり電動丸のこを握ります。
（4）トリガー式のスイッチによりスイッチを入れ、刃を十分に回転させます。

(5) 刃の回転が安定したら、ベースを材料に押し付けてゆっくり切り始めます。
(6) ガイドに沿って切断を続けます。切断の際、材料が硬く丸のこが後ろに弾かれることがあるので、支える手は丸のこの前に置きます。
(7) 切断面を完全に切り終えたらスイッチを切ります。

図 5-3-1　電動丸のこ

安全に配慮し、刃の上下にカバーがついている

ベース

（写真提供：株式会社マキタ）

図 5-3-2　電動丸のこの使用法

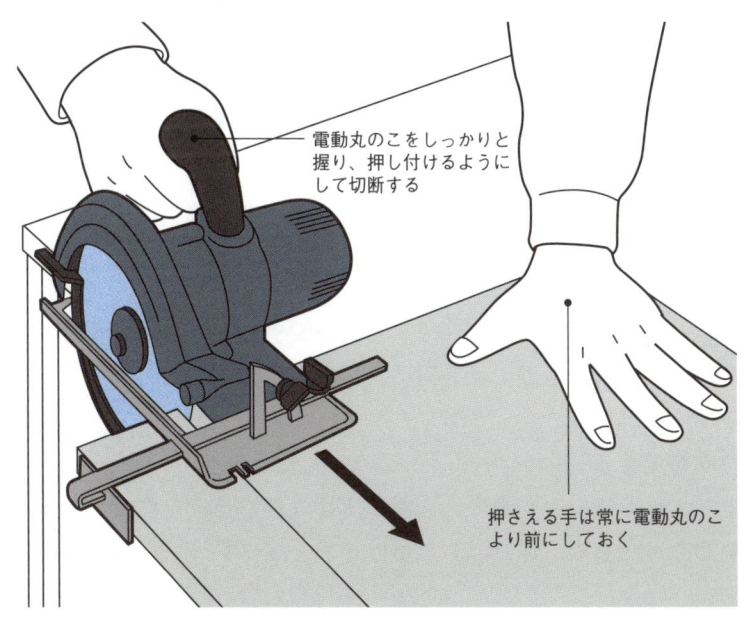

電動丸のこをしっかりと握り、押し付けるようにして切断する

押さえる手は常に電動丸のこより前にしておく

5-4 ジグソー

●ジグソーの機能と構造

　ジグソーはブレードという細いのこぎり刃を、ミシンのように上下させて切断する工具です（図5-4-1）。刃が細いことから、曲線切りを得意とし、切り抜きも可能です。切断部分が小さいため、危険度が少なく、扱いやすいです。
　ジグソーはのこぎり刃を木材、金属、樹脂用などに取り替えることで多くの材料に対応します。
　ジグソーの刃は速度調節が可能で、切断材料や切断物の厚さなどで調整できます。多くはトリガスイッチの引き具合で調整していますが、製品によって異なります。最近は小型化、充電式化が進み、携行可能なジグソーも多いです。

●ジグソーの操作上の注意

(1) 始動
　ジグソーは必ずブレードを始動させてから材料を切り出しましょう。材料に当てたまま始動すると、無理な圧力がかかり、ジグソーがぶれたり、材料が傷みます。切りはじめはゆっくり、材料にしっかり押し付けながら切り、少しずつスピードを上げます。押し付ける力が弱いと、ブレードと材料が引っかかってずれたり、材料を傷めることになります（図5-4-2）。

(2) 曲線切り
　好きな形に材料を切ることができるのがジグソーの強みです。小さな円や複雑な形状に切断する際には、刃のスピードを遅くすることで作業がしやすくなります。

(3) 方向を変える
　途中で大きく切る方向を変える際は、切り進む方向を変える位置にきりやドリルであらかじめ「休み穴」をあけておくとブレードへの負担が少なくなります。

(4) 切り抜き

切り抜きの際には、切り抜く箇所にドリルなどであらかじめ穴をあけておき、そこにブレードを差し込んで切り抜きます。

(5) 樹脂素材を切断するとき

樹脂素材はブレードとの摩擦によって発熱し、樹脂が溶けてブレードとくっついてしまうこともあるため、時折作業を中断してブレードを冷やします。

図 5-4-1　ジグソー

ブレードを交換することで木材や金属、プラスチックを切断できる

（写真提供：株式会社マキタ）

図 5-4-2　ジグソーを使う際のポイント

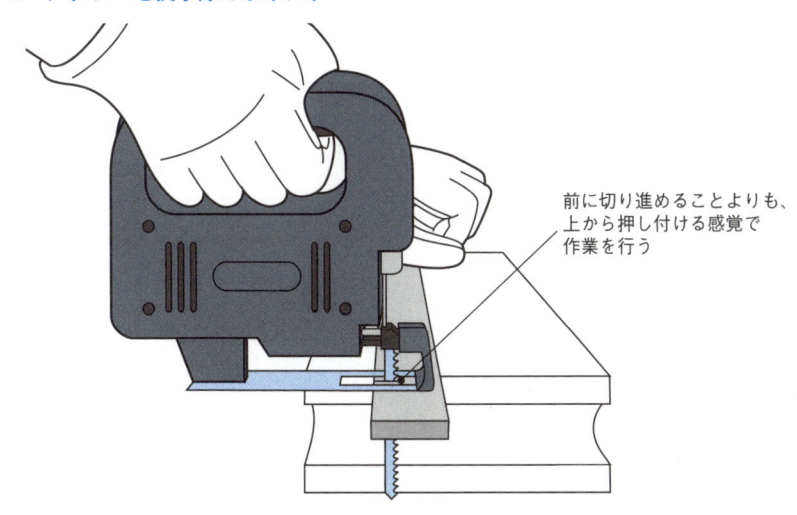

前に切り進めることよりも、上から押し付ける感覚で作業を行う

5-5 全ネジカッタ

●全ネジカッタとは

　全ネジカッタは、全ネジを希望する長さで切るための工具です。電動のものだけでなく、手動のものもあります。ネジにはピンの全体にネジが切ってある「全ネジ」と、途中までしかネジの切っていない「半ネジ」があります。電気工事の現場ではほとんどの場合、全ネジを使用します。そして、ときとしてネジを切断して長さを調整する必要があります。

　たとえば、照明器具やエアコンの固定や吊り込み、コンセントボックスの取り付けなど、その場でネジの長さを調整しないとネジが利用できない場合も多くあります。ネジをペンチやニッパなどで切り落とすことができますが、断面が歪んでしまい、ネジが通らなくなってしまう可能性もあります。そうなってしまうとネジを再加工したり、ヤスリで形を整えたりする必要があり大変面倒です。全ネジカッタを使うことでこのような問題を回避できます（図5-5-1）。

●全ネジカッタの使い方

　全ネジカッタは、ネジを抑える部分とネジを切る刃からできており、とてもシンプルな構造をしています。ネジの山をつぶさないようにネジ山を切った留め金で抑え、可動刃で押し切ります（図5-5-2）。このとき、ネジ山を壊さないようにネジの目に沿った刃の金具で押し切るところがポイントです（図5-5-3）。

　電動式の全ネジカッタは切断部分を機器にセットし、スイッチを入れることで、ネジを簡単に切断することができます。電気工事の場面では狭い空間での作業になることもあるので充電できる携行用の全ネジカッタが重宝します。

図 5-5-1　全ネジカッタ

スケールによりネジの長さを確認できる

上向きや床置きでも安定した作業ができる形状になっている

（写真提供：株式会社マキタ）

図 5-5-2　全ネジカッタの切断法

ネジを留め金で抑え、可動刃で押し切る

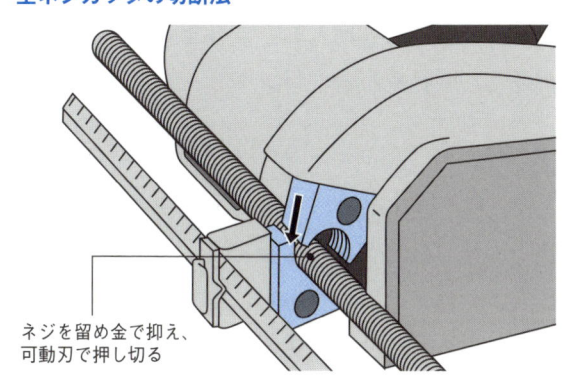

図 5-5-3　ネジ山に沿った形の刃

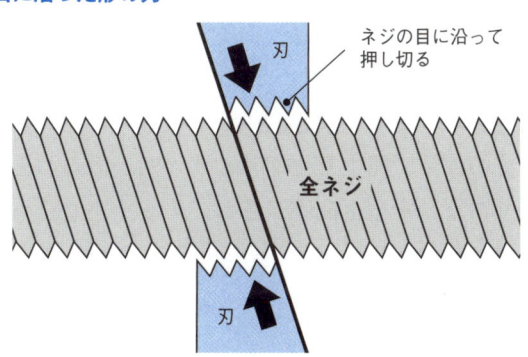

刃

ネジの目に沿って押し切る

全ネジ

刃

5・電動工具

109

5-6 角穴カッタ

●角穴カッタとは

　電気工事の現場では天井や壁面の開口作業をよく行います。天井や壁面への穴あけでは、無理な姿勢を長く続けなければいけません。角穴カッタはこのような厳しい状態での作業をできるだけ無理なくできるよう工夫された電動工具です。(図5-6-1)。

　角穴カッタは天井など上向きでの切り込み作業を行うためのカッタです。最近は天井や壁面、床などどこでも場所を問わず使えるように充電可能で軽量化されたものも多くなってきています。また、削りカスが飛び散らないように、ダストケースが付いているものも多くあります。角穴カッタの刃は付け替え可能なものが多く、木材や石膏、コンクリートなどに対応しています。

●角穴カッタの使い方

　角穴カッタにはジグソー（5-4参照）より少し幅の広い刃が付いており、上下前後しながら動くことで材料を切ります。ベース先端を部材に押し付けるようにして始動します。カッタの刃が材料に切り込んだら、ベースカバーまでしっかり材料に押し当てて切り進めます。

　角穴カッタは照明器具や埋込みエアコンの取り付け点検口の取り付けなど、天井面の工事で不自然な姿勢での作業において威力を発揮します。さらに、天井に向かって見上げた姿勢のままの作業でもスムーズに作業ができるように、切り込みの深さを調整できます。グリップの位置や、トリガスイッチも使いやすく工夫されています（図5-6-2）。

　また、上向きでの作業で発生した切りくずが飛び散るのを防ぐため、ダストケースが付いており、安全上配慮がされています。

図5-6-1　角穴カッタ

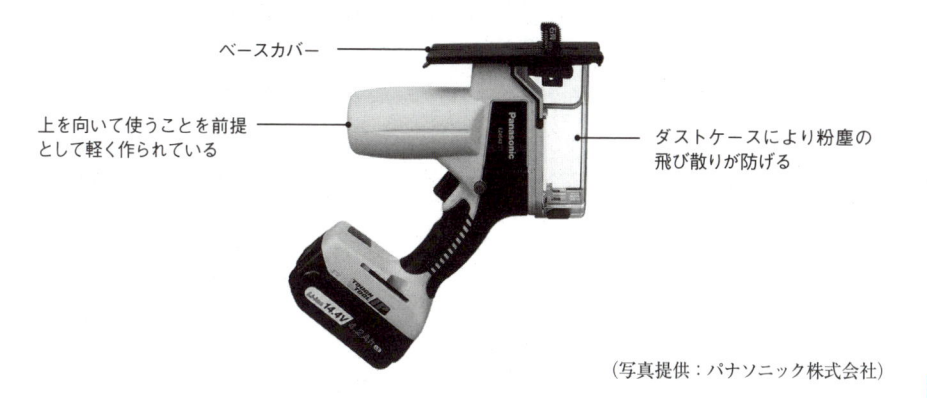

- ベースカバー
- 上を向いて使うことを前提として軽く作られている
- ダストケースにより粉塵の飛び散りが防げる

（写真提供：パナソニック株式会社）

図5-6-2　角穴カッタの使用場面

- 誤って落とさないように、しっかりと持ち手を握りストラップも使用する

111

5-7 電動サンダ

●電動サンダとは

　電動サンダはモータの振動によって、木材や金属を研磨するための電動工具です。サンダ（Sander）には研磨機という意味があります。

　電気工事の現場では床はもちろん壁や天井など、様々な場面で切断作業が行われます。コンクリートや石膏材、金属、大理石など切断する材料も多種多様です。

　鉄筋を切断すればバリといわれる突起が生じ、切断面はささくれ立ちます。コンクリートや大理石などの床材、壁面材もカッタの刃が切断した跡が残ります。切断面をこのような状態で残すとけがの原因になったり、ケーブルやそのほかの機材を傷付ける原因ともなります。

●電動サンダの使い方

　電動サンダには、オービタルサンダ、ランダムサンダ、ベルトサンダ、ディスクサンダなどがあります（図5-7-1）。

　オービタルサンダは四角形や丸形のサンディングディスクを先端に取り付け、これを振動させることで材料を研磨する電動サンダです。サンディングディスクとは材料を研磨するための板のことを言い、サンドペーパーなどを取り付けて利用します（図5-7-2）。

　ランダムサンダは、円形のサンディングディスクを先端に取り付け、これを振動させ、さらに回転させることで材料を研磨する電動サンダです。

　ベルトサンダはベルト形状をしたサンディングディスクを回転、循環させることで材料を研磨する電動サンダです。

　ディスクサンダは回転のみで研磨する電動サンダでグラインダとも呼ばれます。ディスクサンダは回転部のディスクを交換できるものが多く、サンドペーパーだけでなく、様々な研磨材を設置できます。

図 5-7-1　様々な電動サンダ

オービタルサンダ

（写真提供：日立工機株式会社）

ランダムサンダ

（写真提供：日立工機株式会社）

ベルトサンダ

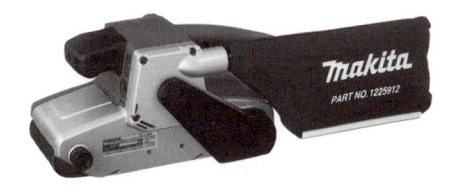

（写真提供：株式会社マキタ）

ディスクサンダ

（写真提供：日立工機株式会社）

図 5-7-2　オービタルサンダの使い方のコツ

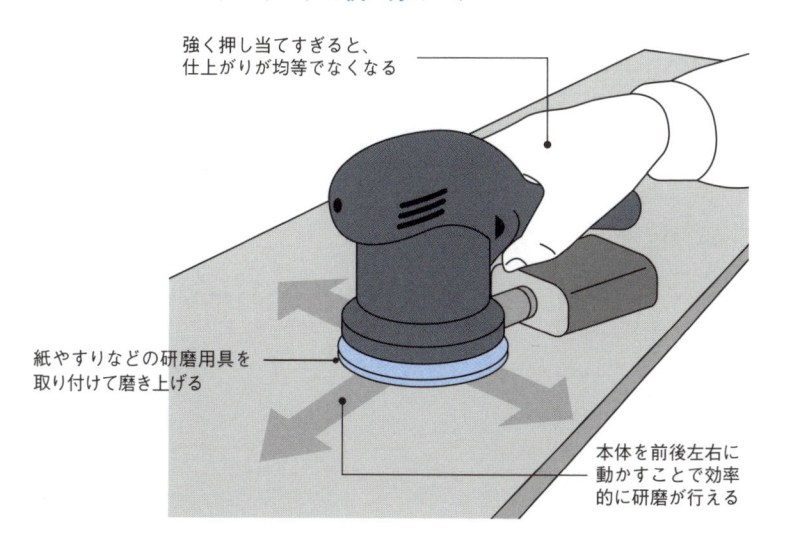

- 強く押し当てすぎると、仕上がりが均等でなくなる
- 紙やすりなどの研磨用具を取り付けて磨き上げる
- 本体を前後左右に動かすことで効率的に研磨が行える

❗ 日本の地域と周波数

　日本の発電送電設備は、全国各地電気の届かないところはないほどに整備されています。しかし、交流電流の周波数は地域によって違っています。新潟県の糸魚川と静岡県の富士川を挟んだ地域を中心に東日本は50Ｈｚ、西日本は60Ｈｚとなっています。

　このような違いが生まれた原因は、1896年日本で初めて発電機が輸入されたときにさかのぼります。大阪に輸入された発電機がアメリカ製で60Ｈｚ、東京に輸入された発電機がドイツ製で50Ｈｚだったことがそのはじまりになっています。大阪を中心とした発電所は60Ｈｚの周波数で送電領域を広げ、東京を中心とした発電所は50Ｈｚの周波数で発電を始め、その送電地域を広げていきます。

　やがてその境界線になったのが新潟県の糸魚川と静岡県の富士川を結んだラインです。この地域はそのまま日本の大地溝帯（フォッサマグナ）であり、また、食文化や風俗の東西の境界線と言われる部分も近く、不思議な整合があります。

　ひとつの国家の中で電気の周波数が違うことはあまり効率のよいことではありません。そのため、第二次大戦後だけでも何度か日本全土の電気の周波数の統一を目指したこともありました。しかし、それはどうしても成し遂げることができませんでした。

　その原因はどんなことだったのでしょうか。まず周波数の統一のためには発電、送電設備の大改修が必要であり、その費用だけでも莫大なことがあげられます。また、その改修期間中どうやって日本国民の電力を担保するのかという問題がありました。私たち国民にとって電力はなくてはならないものとなってしまっており、今日まで日本の電力の周波数の統一をなしとげることはできなかったのです。

第6章

切削工具

切削工具は木や鉄などといった
材料を切ったり、削ったりするための工具です。
電気工事の現場では
切ったり削ったりという作業が日常的に生じます。
同じ「切る」「削る」という作業でも、
切り方や削り方によって向いている工具は異なります。
本章ではそれぞれの工具が
どのような作業に向いているか説明します。

6-1 やすり

●やすりをかける

　工作現場の仕上げ作業にやすりは欠かせません。材料の表面をなめらかにしたり、角をとったりといったやすりがけの作業は、見かけの美しさを保つためだけでなく、安全面からも欠かすことのできない作業だと言えます。一般的には紙でできた紙やすり（6-2参照）もよく知られていますが、ここでは金属製のやすりを扱います（図6-1-1）。棒状の形状から棒やすりとも呼ばれ、また紙やすりと区別するために金属やすり、金やすりなどと呼ばれることもあります。

　電気工事の現場では木材や石膏材、コンクリート、金属の配管など、様々な種類の材料を加工します。やすりの種類も、対応する材料の種類や場面に応じていくつかの種類があります。

●やすりの種類

　やすりは鋼にたがねを打ち込んで細かく尖らせた「目切り」と「柄」の部分からできています。主に金属や木材を削るものです。目切りにはその目的に応じて様々な形があります（表6-1-1）。

　まず、目の形状で分類すると単目やすり（鋼を削るのに適する）、複目やすり（鉄材を削ったり金属を彫る際に使用）、鬼目やすり（木材などの柔らかい材料に適する）、波目やすり（銅やアルミニウムなどの軽金属といった目詰まりしやすい材料に適する）などに分けられます。

　また、断面の形状も平や丸など様々なものがあり、削る対象の形に合ったものを選択することで作業を効率よく行えます。さらに目の粗さでも荒目、中目、細目、油目などに分類できます。目の粗いものは広い範囲をはやく削れますが、仕上がりのなめらかさには欠け、目の細かいものは仕上がりはきれいですが同じ時間で削れる範囲は狭くなります。

　やすりがけは手間のかかる割に目立たない作業ではありますが、だからこ

そ作業員の仕事の丁寧さが表れる場所でもあります。最後まで丁寧な仕事を心がけましょう。

図6-1-1　やすり

いろいろな形と大きさがあるので状況に合わせてやすりを選ぶ

（断面の形状：丸）

（断面の形状：半丸）

（断面の形状：平）

（断面の形状：三角）

（断面の形状：角）

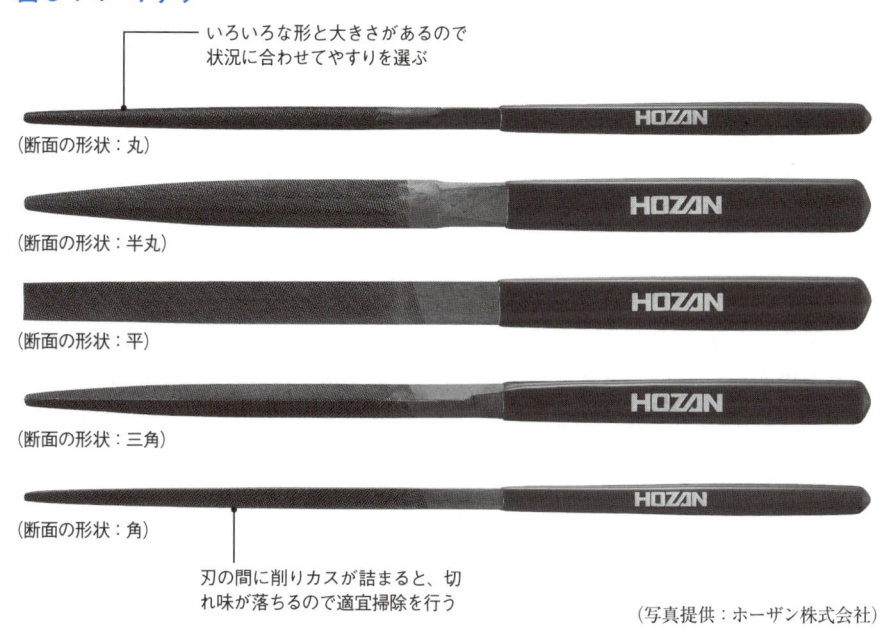

刃の間に削りカスが詰まると、切れ味が落ちるので適宜掃除を行う

（写真提供：ホーザン株式会社）

表6-1-1　いろいろな目切り

用途別分類	鉄工やすり（金やすり）、木工やすり、ダイヤモンドやすり　など
目の形状 （代表的なもの）	単目やすり　複目やすり　鬼目やすり　波目やすり
目の粗さ	粗い　　　　　　　　　　　　　　　　　細かい 荒目（粗目）　　中目　　　　細目　　　油目
断面の形状	平、半丸（甲丸）、丸、角、三角、先細、鎬、楕円、刀刃、腹丸、蛤、両甲、菱　など

6・切削工具

6-2 紙やすり

●紙やすりとは

　紙やすりも研磨作業には欠かせない工具です。紙やすりは紙状のシートに、研磨剤を塗布した工具です（図6-2-1）。基材となるものは主に紙ですが、布を基材とした布やすりも通称として紙やすりと呼ばれることがあります。また、紙やすりや布やすりを総称して研磨布紙と言います。研磨材として用いられる素材にはガーネット、酸化アルミニウム、白色アルミナ、炭化ケイ素、緑色炭化ケイ素などがあります。塗布した物質によって金属用、木工用、合成樹脂用と使い分けられます。

　それぞれの紙やすりには番号が表記されていて（「番手」と呼ぶ）、目の細かいものほど数字が大きくなり、目が粗い方から荒目、中目、細目、極細目と区別されています。目の細かなものほど表面がなめらかになるため、まず目の粗い紙やすりで粗くやすりをかけ、目の細かい紙やすりで仕上げをします。一般的には荒目の紙やすりで整えて、少しずつ番手を上げていき、仕上げの加減で極細目以上の番手を使用します。

　紙やすりは紙に研磨剤を塗布しただけなので、耐久性はありません。削り取った材料が目に詰まったり、塗布した研磨剤が剥がれ落ちたりすると使えなくなります。

　紙やすりは使い方も多様です。木のブロックなどに巻きつけて固定し、平面をしなやかに仕上げるために使うこともあります。また、それぞれの大きさにちぎって、細かな部分に当てて使うこともできます（図6-2-2）。電動サンダ（5-7参照）を使う際にも、底面に紙やすりや布やすりを貼り付け、材料の磨き出しを行います。

●電気工事現場の紙やすり

　紙やすりや布やすりは基材が紙や布でできているため、金属でできたやすりと違って湾曲させることができます。そのため、曲面部のやすりがけや金

属やすりでは届かない部分のやすりがけなど、様々な箇所の研磨作業に利用できます。また、金属やすりに比べて目が細かいため、金属やすりで配管などの切り口のバリ取りをした後の仕上げに利用することが多い工具です。

図 6-2-1　紙やすりの構造

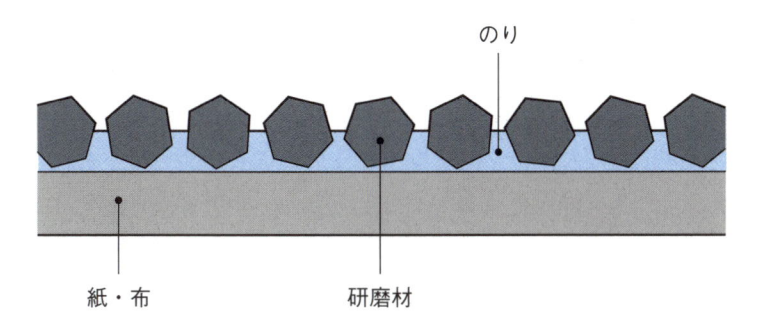

のり
紙・布
研磨材

図 6-2-2　細かい作業で使われる紙やすり

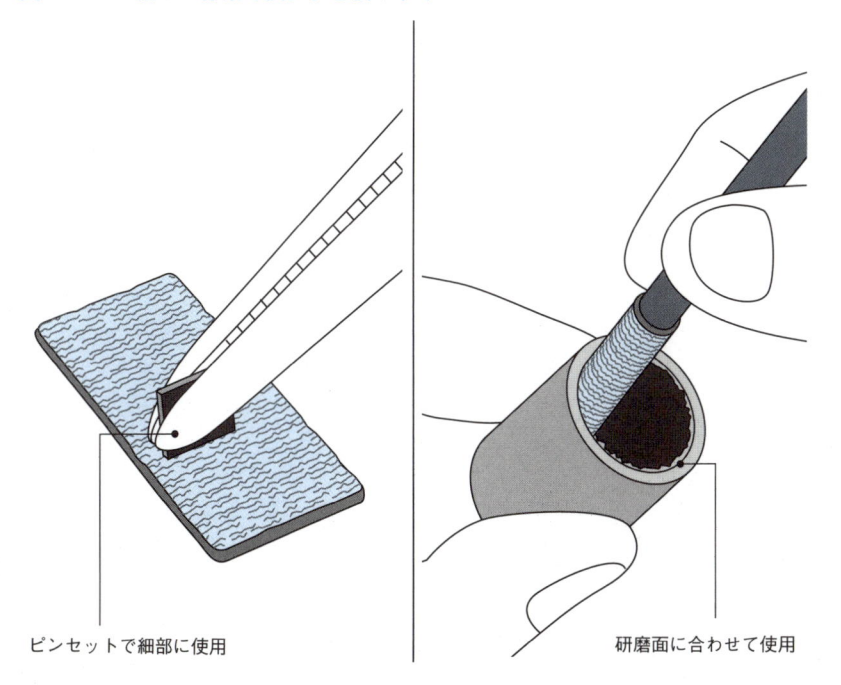

ピンセットで細部に使用

研磨面に合わせて使用

6-3 クリックボール

●クリックボールとは

　クリックボールは木工用の手動ドリルのことです（図6-3-1）。先端部分に必要なドリルや工具を取り付け、手元をしっかり押さえ、ハンドルを回すことで材料に穴をあけたり、バリを取ったりすることができます。

　クリックボールに似た工具としてハンドドリルがあります。クリックボールはハンドドリルに比べて回転数が少ないですが、その分強い力が伝わります。また、ハンドドリルに比べて大きな穴をあけるのに向いています（図6-3-2）。

　クリックボールは先端部の工具を交換することで、複数の用途に利用することができます。

●クリックボールの使い方

　クリックボールにドリルを取り付けて木材に穴をあける場合の手順を説明します。

（1）利用するドリルを選びます。
（2）チャックのネジをゆるめドリルをセットします。
（3）チャックの中央にしっかりドリルが収まったか確認しチャックのネジを締めます。
（4）穴をあける木材をしっかり固定します。
（5）クリックボールを垂直に置き、上から体重をかけるようにしてしっかり押さえます。
（6）ゆっくり力強くクリックボールのハンドル部を回します。
（7）貫通したことを確認して穴から抜き、木屑を片付けます。

　貫通するときは急に力が抜けるような感じになるので注意が必要です。また、穴や断面はなめらかではないので、やすりなどで丁寧に補修する必要があります。

図 6-3-1　クリックボール

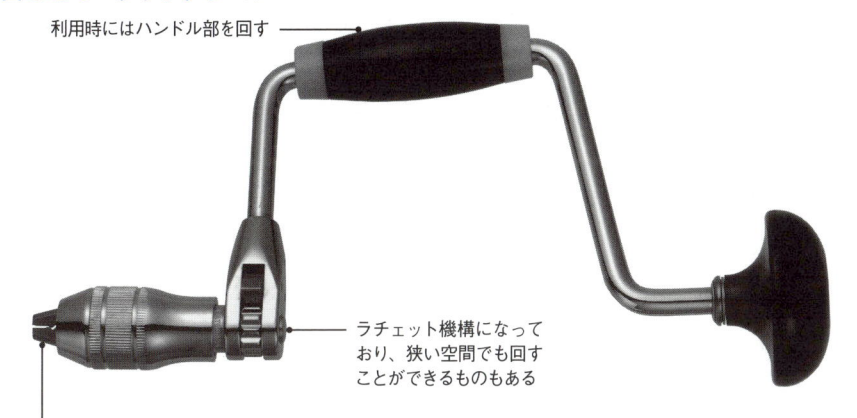

- 利用時にはハンドル部を回す
- ラチェット機構になっており、狭い空間でも回すことができるものもある
- 先端（チャック）は様々な工具を取り替えられるようになっている

（写真提供：株式会社パオック）

図 6-3-2　クリックボール（左）とハンドドリル（右）

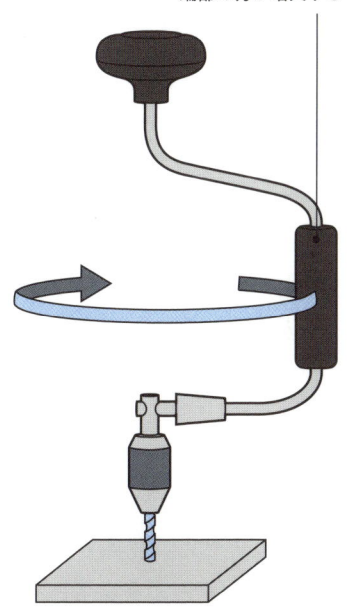

- クリックボールではてこの原理により先端部の力が増大する
- ハンドルには歯車が付いており、回転数を増加させ効率よく穴をあける

6・切削工具

121

6-4 リーマ・羽根ぎり

●クリックボールに取り付ける工具

クリックボールはてこの原理を利用した手動のドリルです（6-3参照）。電気工事の場面では、クリックボールに様々な工具を取り付けて作業をこなします。穴の拡大や形状の整形に利用されるリーマや、穴あけに利用される羽根ぎりはその一例です。

●リーマ

リーマ（reamer）は穴を拡大したり、穴の形状を整えたりするために利用される工具です。reamには穴を広げるという意味があります。リーマは穴の内部を整形するための工具であり、既にあいた穴を加工するために利用されます。ドリルなどによる金属加工ではバリが出たり、掘削部には傷が残ったりしますが、リーマはそのような穴の内部を面取りするためにも用いられます。利用の際には、クリックボールの先端にリーマを取り付け、穴に差し込み回転させます。穴を大きくするために用いられる荒削り用のリーマやバリ取りなど仕上げの際に用いられる仕上げ用リーマなどがあります。

形状としては円筒形のものや円錐形のものがあり、円筒形のものは、穴が直角に切りこまれますが、大きさが一定であるため、穴の大きさに合わせたリーマを利用する必要があります。一方、円錐形のものは穴の大きさが徐々に変化するため、様々な幅の穴に対応できますが、穴は斜めに切りこまれます（図6-4-1）。

●羽根ぎり

羽根ぎりは薄い板や合板など、木工用の穴あけに用いられる工具です（図6-4-2）。ドリルのように掘削面が鋭いわけではありません。先端が鋭く尖ってはいますが、全体的には板のようで、ちょうど鳥の羽のような形にみえます。尖った突端を中心とし、もう一方が回転しながら円を描くように回転す

ることで、ドリルのように対象物を削りながら穴をあけていきます。

　厚い板などの掘削には耐えられませんが、薄く柔らかな板などにはきれいに穴をあけることができます。

図6-4-1　リーマ（左：円筒形、右：円錐形）

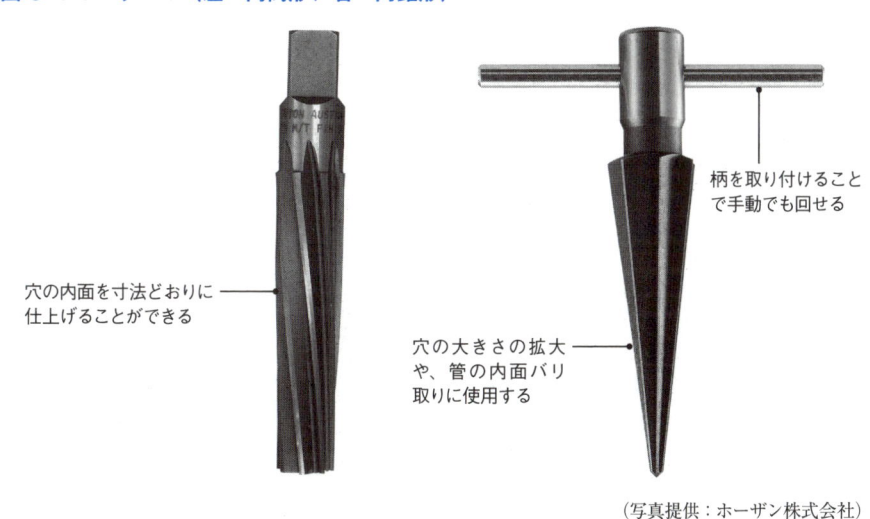

穴の内面を寸法どおりに仕上げることができる

柄を取り付けることで手動でも回せる

穴の大きさの拡大や、管の内面バリ取りに使用する

（写真提供：ホーザン株式会社）

図6-4-2　羽根ぎり

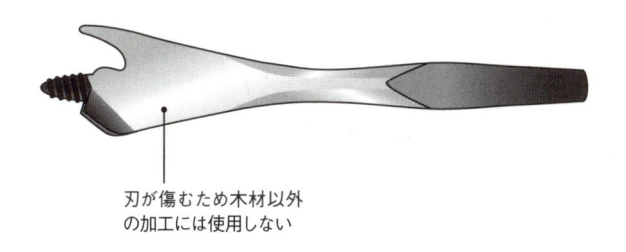

刃が傷むため木材以外の加工には使用しない

6-5 ホールソー・ステップドリル

●ホールソー

　ホールソーは「ホール（穴）」「ソー（ノコギリ）」という名前のとおり、先端がのこぎり状になっており、この刃を使って大きな穴をあけることができる工具です。クリックボール（6-3参照）の先端部に付けて利用します。電気工事の現場では様々な部材に穴をあけて電気機器を取り付けたり、配線を引いたりしますので、大変重要な工具です。

　木材用のものはドリル上の回転軸（センタドリル）にダイカストという刃を固定するための台を付け、そこに様々な大きさのリング状になった刃を取り付けます。また、金属用のものは刃が1枚だけですが、強度は高く金属にも問題なく穴をあけられるようになっています（図6-5-1）。

　センタドリルで掘削材料の中心に穴をあけ、その外周を刃が回転することで、大きな穴をあけることができます。

●ステップドリル

　ステップドリルは主に薄い金属材に、ドリルなどであけた穴をもう少し広げる必要があるときに、クリックボールの先端部に付けて使う工具です。形状は、円筒形刃が段々になっていて先にいくにつれて細くなるような細長い三角錐をしています（図6-5-2）。小さな穴に差し込んで、回転させることで穴を広げながら必要な大きさの部分までこじ入れていきます。

　金属部分の穴が必要な大きさになるまで穴を広げることができたら完成です。元に戻すことはできないので、穴が大きくなりすぎないように注意して慎重に穴をあける必要があります。

　ステップドリルはその形から「筍ドリル」と言われることもあります。

図 6-5-1　ホールソー

木材用

- 刃
- ダイカスト
- 木材用には刃が多く付いている

（写真提供：藤原産業株式会社）

金属用

- 刃
- センタドリル
- 金属用の刃は分厚くなっている

（写真提供：株式会社マーベル）

図 6-5-2　ステップドリル

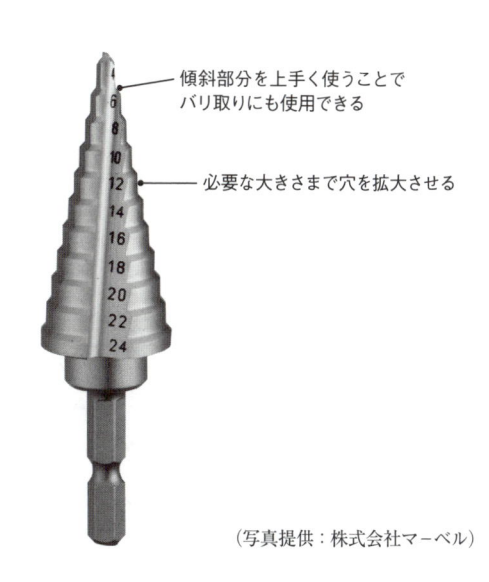

- 傾斜部分を上手く使うことでバリ取りにも使用できる
- 必要な大きさまで穴を拡大させる

（写真提供：株式会社マーベル）

6・切削工具

6-6 ダウンライトカッタ

●ダウンライトとは

　ダウンライトとは天井埋め込み式のライトのことです（図6-6-1）。天井に直接取り付けたり、吊るしたりするライトをシーリングライト（シーリングは天井という意味）というのに対し、ダウンライトは天井面に埋め込むような形で設置します。このためダウンライトを利用すると天井がすっきりして、部屋が広々と感じられます。反面、ライトで照らし出すポイントが狭くなりがちで、少し薄暗い印象を受けます。そのため、ダウンライトで十分な光量を得るためにはシーリングライトに比べてより多くのライトを設置する必要があります。

　このようにダウンライトにはシーリングライトに対していくつかの問題もありますが、デザインのよさに加え、熱の発生が抑えられ寿命の長いLED照明によるダウンライトなども開発され、近年ではその利用のすそ野が広がっています。

　ダウンライトカッタはそんなダウンライトを天井に埋め込むための穴をあける工具です。

●ダウンライトカッタの使い方

　ダウンライトカッタはインパクトドライバ（5-1参照）などに装着して天井に穴をあける工具です。半透明のボールを伏せたような形の枠の中にドリルとそれを中心にしたカッタが取り付けられた形になっています（図6-6-2）。

　ダウンライトカッタを利用する際には、カッタ部分を穴の大きさに合わせてあらかじめ広げておきます。ダウンライトを設置する天井の石膏部分の中心にドリルで穴をあけ、そこを中心にカッタが回転することで必要な大きさの穴があきます（図6-6-3）。

　ダウンライトでは十分な光の量を確保するため、一般的なライトに比べて、一部屋あたりの取り付け個数が多くなる傾向があります。固定する方法とし

ては、天井の石膏部分に取付バネをひっかけることで固定する方法や、照明についた取付金具と呼ばれる金具を利用して固定する方法などがあります。

図 6-6-1　ダウンライト

天井に直接取り付けるダウンライトは天井をすっきりとさせるが、シーリングライトに比べ薄暗くなる

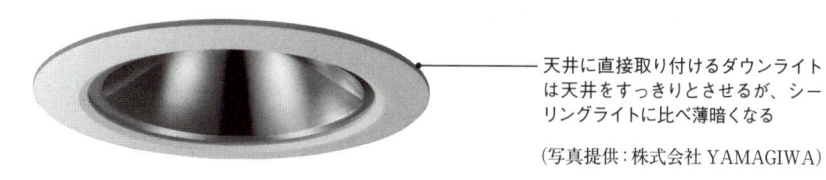

（写真提供：株式会社 YAMAGIWA）

図 6-6-2　ダウンライトカッタ

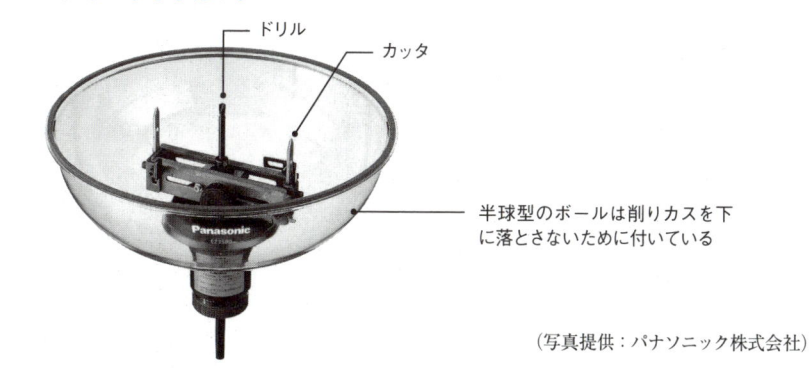

ドリル
カッタ

半球型のボールは削りカスを下に落とさないために付いている

（写真提供：パナソニック株式会社）

図 6-6-3　ダウンライトカッタで天井に穴をあける

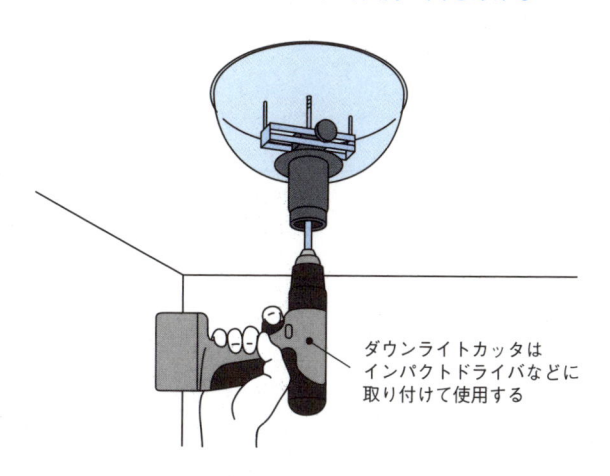

ダウンライトカッタはインパクトドライバなどに取り付けて使用する

🗨 電気の発見

電気は今日の私たちの生活になくてはならないエネルギーです。屋内の電灯はもちろん、数々の電気機器に囲まれた私達の生活は、電気なしには考えられません。しかし、そんな電気も私たちが今日のように使いこなすようになって100年ほどしか経っていません。そのメカニズムの研究ですら200年あまりの歴史しかないのです。

ギリシャ時代からコハクをこすると静電気が起こることは知られていました。しかし、その頃はまだ自然現象のひとつという意識で、エネルギーとして活用しようという意識は誰も持っていませんでした。

最初に電気の存在を意識したのは、アメリカの科学者、外交官、文筆家であり、のちに大統領になったことで知られるフランクリンだと言われています。フランクリンは1752年金属棒をつけた凧を雷雲の中にあげて、雷から電気を取り出すことに成功したのです。これによって、静電気で起こる火花と雷が同じ現象であることを突き止めました。

1800年イタリアの物理学者ボルタは、正極に銅板、負極に亜鉛板、電解液に硫酸を用いたボルタ電池を発明し、電気をより身近なものにしました。

ボルタの研究以降電気はいよいよ物理学の研究対象として身近なものになっていきます。ボルタはこれらの研究功績から電圧の単位V（ボルト）として名を残しています。

第7章

通線工具

通線工具は
電線やケーブルを配線する際に用いられる工具です。
電線やケーブルを狭く複雑な形をした管に通す作業を、
道具なしに行うことは難しいことも多々あります。
通線工具はこのような作業を
少しでも効率的に行えるようにする工具です。

7-1 ケーブルグリップ

●電線管への入線作業に

電線を電線管内に引き込む作業を入線といいます。ケーブルグリップは、この入線作業において活躍する工具です（図7-1-1）。電線の端や中間部分にケーブルグリップの網状になった部分をかぶせて固定することで、ケーブルを扱いやすくします。

●ケーブルグリップの使い方

ケーブルグリップには、金属製の網でできた筒状の本体の先端にワイヤをかける輪が付いています。網状の部分をケーブルの端にかぶせて引くと、ケーブルを包み込むように固定されます（図7-1-2）。そして、輪の部分にケーブルワイヤと呼ばれる通線用のワイヤを通して電線管への引き込み作業を行います。

●ケーブルグリップの種類

ケーブルグリップには、ケーブルのサイズに合わせた様々な種類が用意されています。また素材には、ワイヤ製のほか絶縁性のある繊維を使用したものもあります。繊維素材を使用したケーブルグリップは比較的軽いケーブル向けになりますが、ケーブルの被覆を傷付けにくいことが特徴です。

ワイヤを取り付ける位置で分類すると、ケーブルの端に取り付けて使用するタイプとケーブルの途中を固定する中間引タイプに大別できます。中間引タイプには、平たい網状のケーブルグリップで電線をくるむように巻きつけて固定するものや、筒状になった本体にケーブルを通して使用するものがあります。

また、1つのケーブルグリップに複数のケーブルを取り付けられるタコ足タイプもあります。これは、複数の電線をまとめて電線管に通す場合に利用します。

図 7-1-1　ケーブルグリップ

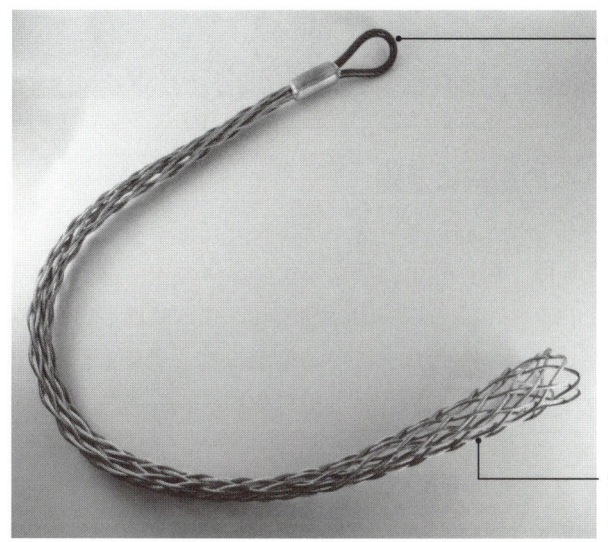

先端の輪にワイヤをかけて通線作業を行う

網状の本体は引っ張ることで締まる構造になっている

(写真提供：株式会社マーベル)

図 7-1-2　ケーブルグリップのケーブルへの取り付け方

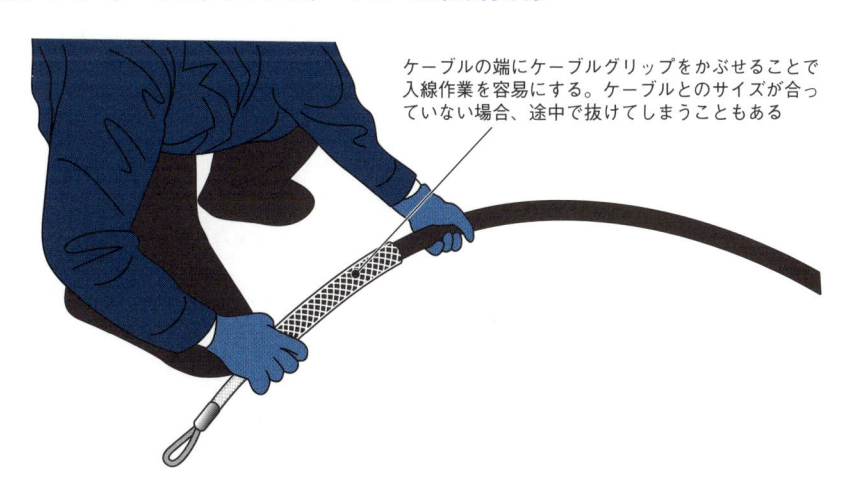

ケーブルの端にケーブルグリップをかぶせることで入線作業を容易にする。ケーブルとのサイズが合っていない場合、途中で抜けてしまうこともある

7・通線工具

7-2 ケーブルキャッチャ

●狭いスペースへの配線に活躍

　ケーブルキャッチャは、狭い天井裏や床下などに配線を行うときに使用する工具です（図7-2-1）。釣り竿のような棒状の本体の先にフックが付いた形状で、フック部分にケーブルを引っかけて離れた場所にある電線を引き寄せることができます。また、本体は伸縮する構造になっているため、使用しないときはコンパクトにたたんでおくことが可能です。

●ケーブルキャッチャの使い方

　ケーブルキャッチャを使って配線を行うときは、伸縮する本体（竿）を長く伸ばし、天井などの点検口などから差し込みます（図7-2-2）。そして、先端のフックに電線を引っかけて引き寄せることで、天井裏に入ることなく配線作業を行えます。

　竿の長さには2mに満たないコンパクトなものから10m、20mといった長いものまで様々な種類があるため、使用する場所に応じて適切な長さのものを使用します。また、先端にLEDライトが設置されたタイプもあり、暗い天井裏や床下を照らしながら作業できるので電線を見つけやすく、より効率的に作業を進められます。

●ケーブルキャッチャが活躍する場面

　ケーブルキャッチャは、天井裏や床下に配線を行う際に活躍します。これらの場所は隠ぺい配線に適しているため、電気工事における配線によく利用されます。しかし、一般住宅の天井裏や床下は非常に狭く、人が入り込んでの作業がしづらい場所でもあります。

　また、天井裏に入っての作業は、脚立から落下したり天井を打ち破ったりといった事故につながる可能性もあります。作業者が動くのではなく、工具を使って電線を引き寄せるケーブルキャッチャは、このような事故防止の観

点からも役立つものだと言えます。

図 7-2-1　ケーブルキャッチャ

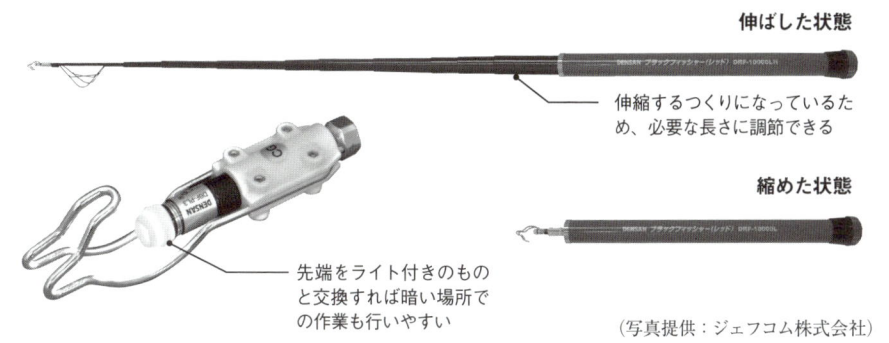

伸ばした状態

伸縮するつくりになっているため、必要な長さに調節できる

縮めた状態

先端をライト付きのものと交換すれば暗い場所での作業も行いやすい

（写真提供：ジェフコム株式会社）

図 7-2-2　ケーブルキャッチャによりケーブルを引き寄せる

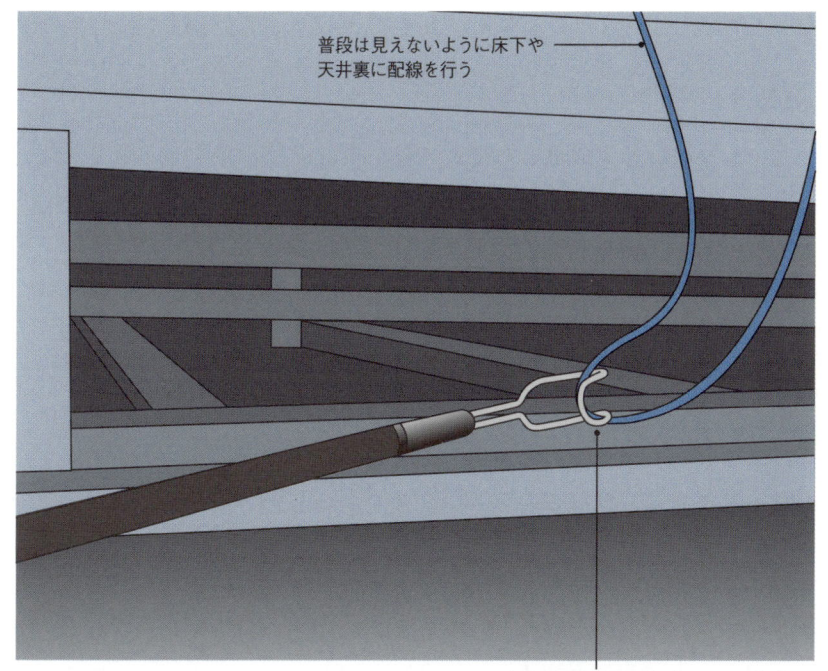

普段は見えないように床下や天井裏に配線を行う

小さな開口部から伸ばし、ケーブルに引っかけて手元に引き寄せる

7・通線工具

7-3 ケーブルスライダ

●滑りをよくして入線をスムーズに

　ケーブルスライダは、電線を電線管に通す際、電線の滑りをよくする潤滑剤として使用します（図7-3-1）。曲がりの多い電線管などの場合、電線管の中で電線が引っかかり、スムーズに作業できないことがあります。そのようなときにケーブルスライダを使用することで滑りをよくすることができます。

●ケーブルスライダの使い方

　ケーブルスライダは、電線や電線管内部に塗布して使用します（図7-3-2）。電線と電線管の摩擦が少なくなるため、電線管内での電線の動きがスムーズになります。7-1で紹介したケーブルグリップや、7-2で紹介したケーブルキャッチャと併せて使用すれば、入線作業の効率を大きく向上させることが可能です。
　なお、シリコンを主成分としたものは、床などに付着すると除去が難しくなるため、使用時には周囲を汚さないよう注意が必要です。

●ケーブルスライダの種類

　ケーブルスライダには、布などに取り出して使う液体タイプのほか、スプレータイプや泡状に潤滑剤を噴出するタイプ、クリームや粉末状のものもあります。使用する量が多い場合には液体タイプ、電線管の中に吹きつけたい場合はスプレータイプ、周囲を汚したくない場合には垂れの少ない泡タイプやクリームタイプ、電線管の傷みや変色を防止したい場合は粉末タイプなど、使用する状況に応じて使い分けると便利です。
　また、ケーブルスライダの成分には、界面活性剤を使用したものやシリコンを主成分としたもののほか、シリコンを含まないパラフィン系や主成分に水を使用したタイプもあります。入線時の滑りをよくするだけでなく、電線管の防錆や電線被覆の保護に効果を発揮するタイプも多いので、ケーブルス

ライダを使用することはその後のメンテナンスの面からもメリットがあります。

図 7-3-1　いろいろな種類のケーブルスライダ

液体タイプ
（写真提供：株式会社マーベル）

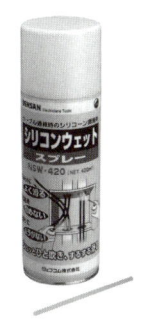

スプレータイプ

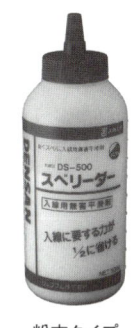

粉末タイプ

（スプレータイプ・粉末タイプ／写真提供：ジェフコム株式会社）

図 7-3-2　ケーブルスライダの使用法（スプレータイプ）

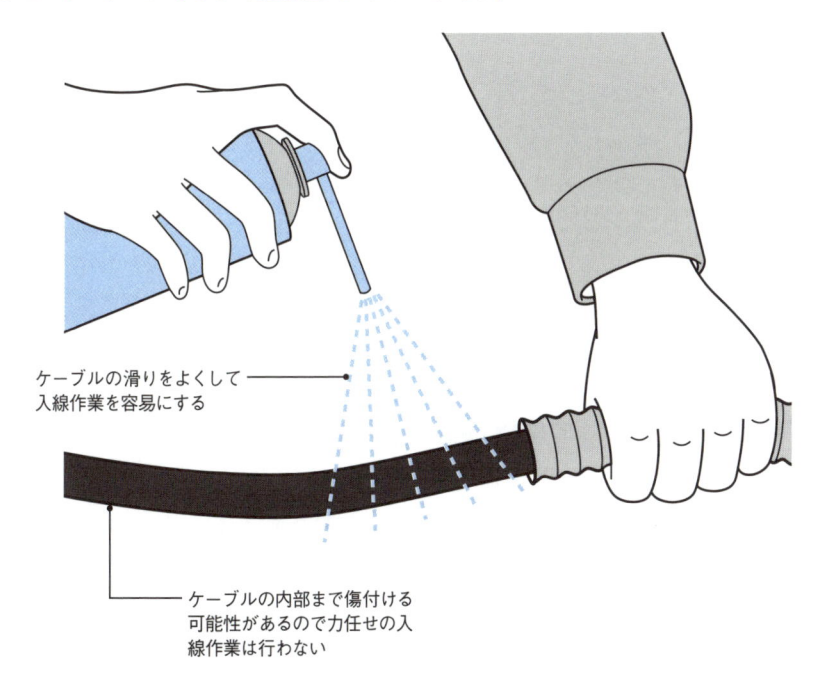

ケーブルの滑りをよくして入線作業を容易にする

ケーブルの内部まで傷付ける可能性があるので力任せの入線作業は行わない

7-4 ハイベンダ

●小さな力で曲げ加工を行う

　ハイベンダは長い柄の先に曲面状のヘッドが付いているのが特徴で、電線管などの金属管の曲げ加工を行うための工具です（図7-4-1）。パイプを床に寝かせた状態で足を使って曲げ加工を行うことで、軽い力で簡単にきれいな曲げ加工を行えます。

　油圧式パイプベンダのようにヘッド部分の交換はできませんが、対応したパイプの太さや種類に応じたいくつかのタイプが発売されています。

●ハイベンダの使い方

　ハイベンダを使った加工は非常にシンプルです。先端のヘッド部分に金属管をセットしたら、ヘッド部分を足で踏むことで曲げ加工を行います（図7-4-2左）。

　ハイベンダのヘッド部分には、曲げの角度を表す目盛が表示されています。金属管を曲げはじめる位置にあらかじめ印を付けておき、その印とヘッドの目盛の端が一致するように金属管をセットします。そのまま加工したい角度の位置までヘッドを踏み込めば、目的の角度の曲げ加工が行えます。

　なお、直接コンクリートの床などの上で作業すると金属管の中に砂が入り、電線の被覆を傷付ける原因になる可能性があります。そのため、ダンボールや合板などを床に敷いた状態で作業してください。

●ヘッドを上にして曲げ加工を行う

　ハイベンダを使った曲げ加工は、先述のように金属管を床に置いて行う方法のほか、ヘッド部分を上に向けて行う方法もあります。片手でベンダのヘッドに近い位置を持ち、もう片方の手で金属管をセットして目的の角度まで曲げていきます（図7-4-2右）。

　この方法の場合、床に接触しているのはハイベンダの柄の部分のみとなる

ため、力を入れたときに本体が滑る可能性があります。そのため、柄を足で支えるようにしながら作業を行ってください。また、金属管が周囲の物や天井の電灯に当たらないよう注意が必要です。

図 7-4-1　ハイベンダ

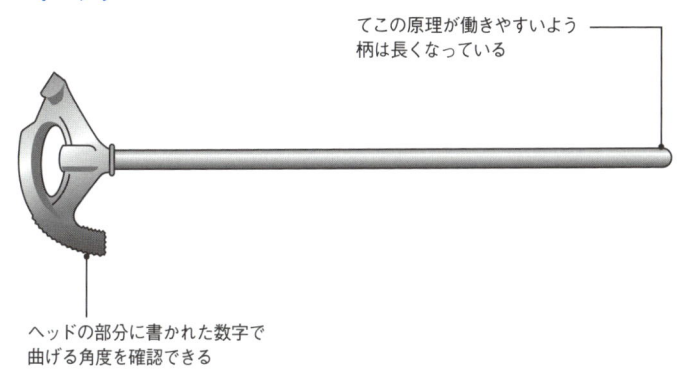

てこの原理が働きやすいよう柄は長くなっている

ヘッドの部分に書かれた数字で曲げる角度を確認できる

図 7-4-2　ハイベンダを使ってパイプを曲げる

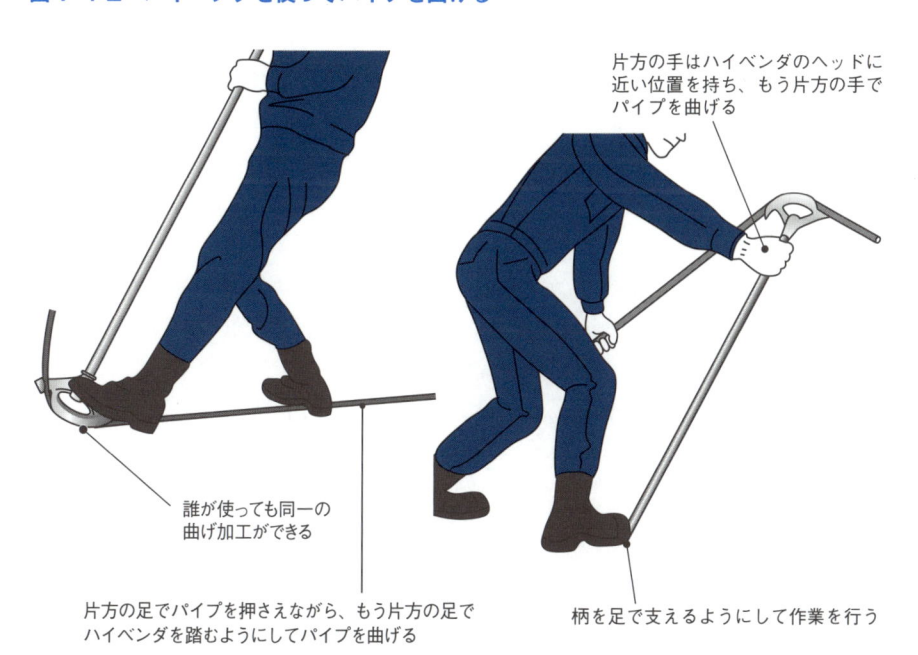

片方の手はハイベンダのヘッドに近い位置を持ち、もう片方の手でパイプを曲げる

誰が使っても同一の曲げ加工ができる

片方の足でパイプを押さえながら、もう片方の足でハイベンダを踏むようにしてパイプを曲げる

柄を足で支えるようにして作業を行う

❗ 電球と蛍光灯

　私たちの生活に欠かせない電灯はいくつかの種類に分けられます。このうち最初に私たちの手元を照らしてくれたのは電球でした。

　電球の仕組みは単純で、金属に電気を流したときに発生する熱により温度が上昇し光ることを基本にしています。電球の中にあるフィラメントに電流を流すことで、フィラメントは電気抵抗によって2000〜3000℃もの高熱と強い光を発します。そのままでは強い光と熱によってフィラメントはすぐに焼き切れてしまいますが、電球内に満たされた不活性ガス（アルゴンや窒素）によってフィラメントは焼き切れないように維持されています。電球を長い時間使っていると次第に熱を帯びてくるのはこの熱が表面に伝わってくるためです。

　電灯として蛍光灯もよく使われますが、蛍光灯の発光システムはもう少し複雑です。蛍光灯は気体の放電を利用して発光します。蛍光灯の両極には2本ずつ端子があり、それぞれの端子はフィラメントでつながっています。フィラメントにはエミッタという電子を放出しやすくなる物質が塗ってあります。また、蛍光灯内にはアルゴンなどの不活性ガスと微量の水銀が封入されており、ガラス管には蛍光物質が塗装されています。

　まず、最初に蛍光灯に電気を流すとフィラメントが加熱されエミッタから電子が大量に放出されます。放出された電子は、蛍光灯内の水銀ガスに衝突します。電子に衝突された水銀からは紫外線が発生します。この紫外線がガラス管に塗ってある蛍光物質に当たると、蛍光物質が発光し、蛍光灯は光ります。

　同じ電灯でも光り輝くためのシステムは全く違います。電球が電気抵抗の際に発生する発光作用を取り出しているのに対して、蛍光灯は紫外線による蛍光物質の発光を利用していることになるのです。

第8章

計測器

計測器は目には見えない電気の状態を、
目に見える形でチェックするための工具です。
電気工事の現場では電流や電圧の状態を
常に確認しておくことが安全のためにとても大切です。
本章では、回路の状態を
正しく理解するための計測器について説明します。

8-1 テスタ

●電流と電圧を測定する

　テスタは、回路や電線に流れている電流や電圧を測定する計測機器です(図8-1-1)。メータの付いた本体と測定用の赤と黒の2本の端子で構成されており、デジタル式とアナログ式の2種類があります。テスタによっては抵抗の測定や導通検査、ダイオード測定などに利用できるものもあります。

●測定の基本

　測定の際は測定レンジと呼ばれるダイヤルを切り替えて測定する項目を選択し、測定用端子を回路に接続して測定を行います。想定される以上の電圧や電流を測定するとテスタが壊れてしまうので、未知の電圧、電流を測定するときには、最大レンジから測定するようにします。接続方法は測定する項目によって異なります。

　アナログ式の場合はメータ上に複数の目盛が刻まれているので、直流電圧なら「DC V」、交流電圧なら「AC V」、直流電流なら「DC mA」と表示されている目盛を読み取ります。

　アナログ式のテスタはデジタル式に比べて精度は低いことが多いですが、電圧や電流の変化の様子が針の振れにより直感的に理解しやすいです。デジタル式のテスタは、精度は高いですが反応速度が遅いものもあり、表示する数字が絶えず変化することになるため、電圧や電流の変化が激しい場合には不向きです。

●テスタの使い方

　電圧を測定する場合は、測定対象に対して並列にテスタを接続します(図8-1-2左)。直流電圧の測定では、測定用端子の赤い方を回路の+側に、黒い方を－側に接続して測定を行います。交流電圧の場合は+と－を区別する必要はなく、2本のピンを回路に接続することで測定が可能です。

電流を測定する場合は、測定対象に対して直列にテスタを接続します（図8-1-2右）。直流電流の測定時は、端子の赤い方を回路の＋側に、黒い方を－側に接続して測定を行います。

図8-1-1　テスタ

＋側測定端子（赤色）

－側測定端子（黒色）

ダイヤルを切り替えることで測定項目を選択する

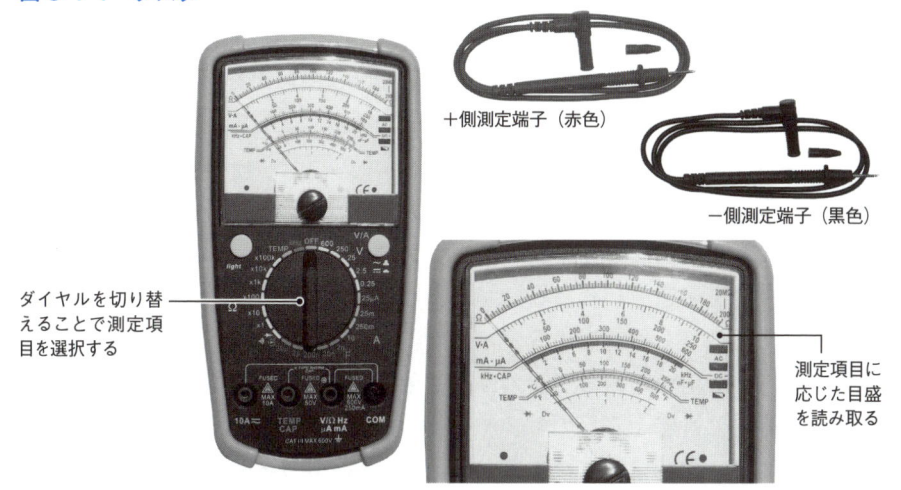

測定項目に応じた目盛を読み取る

（写真提供：ジェフコム株式会社）

図8-1-2　テスタで電圧・電流を測定する方法

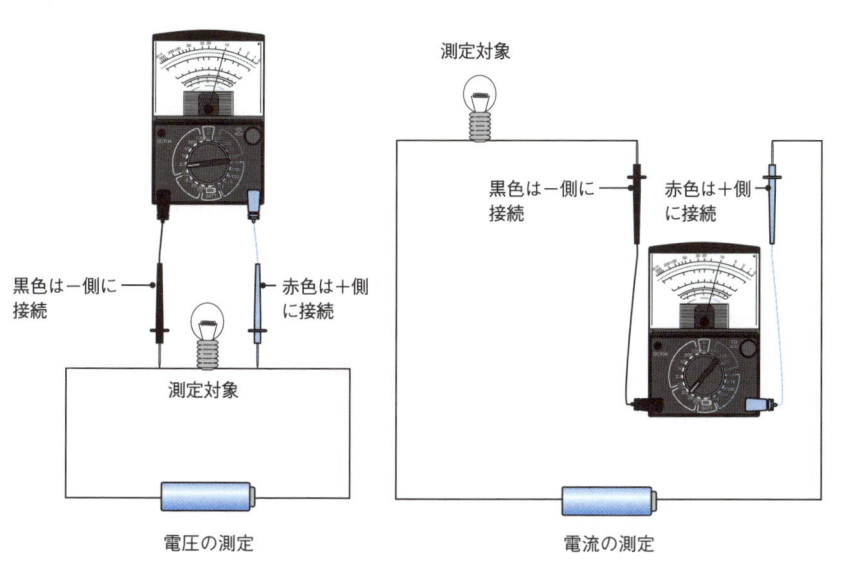

黒色は－側に接続

赤色は＋側に接続

測定対象

電圧の測定

測定対象

黒色は－側に接続

赤色は＋側に接続

電流の測定

8-2 クランプメータ

●回路を切断せずに電流を測定できる

　クランプメータは日本語では架線電流計と呼び、回路を切断することなく、電流を測定するための工具です（図8-2-1）。測定には、電流が流れるとその周りに磁場が発生することを利用します。

　通常の電流計を使った測定の場合、回路の一部を切断して開き、そこに電流計を接続しなければなりません。クランプメータは、電気回路を切断することなく電流を測定できる機器です。クランプメータを使うことで、回路に影響を与えることなく電流の測定が可能になります。

　家庭用電流で用いられる交流のみを対象とするものだけでなく、直流電流、交流電流両方に対応するものや、テスタのように電圧や抵抗値まで測れるものもあります。現在はデジタル式が主流ですが、テスタなどほかの計測機器類と同様にアナログ式も存在します。

●クランプメータの使い方

　クランプメータは、測定対象を切り替えるためのファンクションスイッチと測定結果を表示する画面、レバーで開閉できるリング状の電流センサなどで構成されています。クランプは「はさみ込む」という意味で、名前のとおりセンサの空洞部分に電線を通すことで電流の測定を行います。

　測定にあたってはまず、ファンクションスイッチを測定する項目に合わせます。ファンクションスイッチはボタン式のものもあれば、ダイヤルで選択するタイプもあります。その後、レバーを引いて電流センサを開き、中に電線を通して測定を行います（図8-2-2）。

●測定のポイント

　電流の測定にあたっては、電線がセンサの中央に位置するようにすると誤差が少なくなります。なお、クランプメータで測定できるのは1本の電線の

みとなります。2本以上の電線を同時に測定することはできないので注意してください。
　直流電流の場合、クランプメータに表示される数字の正負で、電流の向きも確認できます。

図8-2-1　クランプメータ

- ファンクションスイッチを回して測定する項目を選ぶ
- レバーによりリング状の電流センサを開閉させる
- 電流センサ

（写真提供：ジェフコム株式会社）

図8-2-2　クランプメータの使用場面

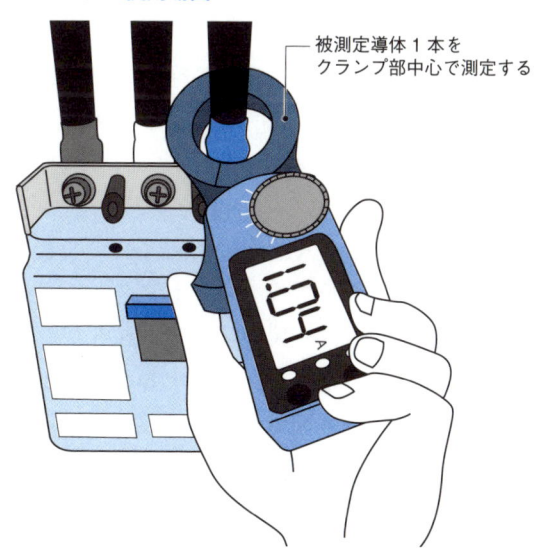

- 被測定導体1本をクランプ部中心で測定する

8-3 絶縁抵抗計

●絶縁抵抗と絶縁抵抗計

　絶縁抵抗計（メガとも呼ばれる）は、電気回路における絶縁抵抗を測定するための工具です。絶縁抵抗とは、電気回路における絶縁性（電気の流れにくさ）のことを言います。絶縁抵抗の値が大きいほど、電流の漏れが少なく、よく絶縁できていることを意味します。配線工事の不備や経年劣化により、絶縁状態が悪くなると、漏電や感電の恐れがあります。そこで、絶縁抵抗計により絶縁状態を確認する絶縁抵抗試験を行います。絶縁抵抗計にはアナログ式とデジタル式があり、本体から伸びる線路端子（ライン端子、L端子）と接地端子（アース端子、E端子）の2本のコードを対象物に接続して測定します（図8-3-1）。

●絶縁抵抗計の使い方

　受変電設備（高圧電源を低圧電源に安全に変圧するための設備）における絶縁抵抗試験を例にして説明します。

　まず、絶縁抵抗の測定にあたっては事前に絶縁抵抗計が正しく作動するかの確認が必要です。導通している2箇所で測定して絶縁抵抗値が0になるかを確かめるため、接地されている箇所にE端子を、それと導通している箇所にL端子をつなぎ、数値が0になることを確かめます。たとえば、接地地点と金属でつながっているような箇所にL端子をつなぎ、0になるかを確かめます。ここで、接地とは電子機器を基準電位点に接続することを言います（8-4参照）。基準電位点は通常、大地に設定されるため、アースとも呼ばれます。次に、絶縁状態を測定できるか確認するため、2本の端子を離した状態でメータの数値が∞（絶縁抵抗値が非常に大きい）を示すか確認します。

　事前のチェックで絶縁抵抗計に問題がないことがわかったら、E端子を接地極に接続してから絶縁抵抗計のスイッチを入れ、ピン状のL端子で測定する対象の端子に触れるようにします（図8-3-2）。測定対象から漏電してい

る場合は漏れた電気は接地極へと向かうので、2箇所は通電状態（絶縁状態が不良）となり絶縁抵抗値が小さくなります。その場合は早急に原因を分析して対処する必要があります。

図 8-3-1　絶縁抵抗計

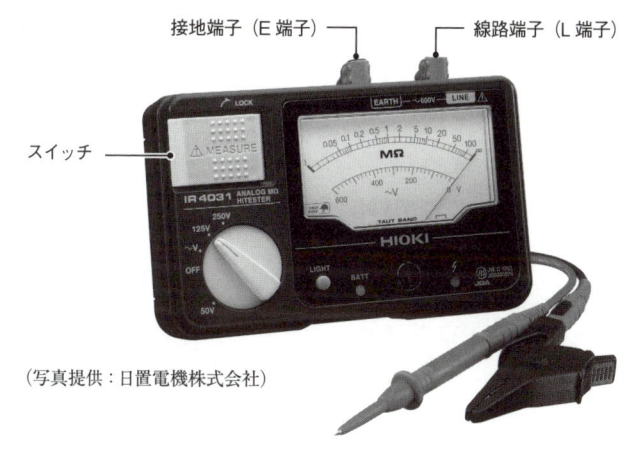

（写真提供：日置電機株式会社）

図 8-3-2　絶縁抵抗試験

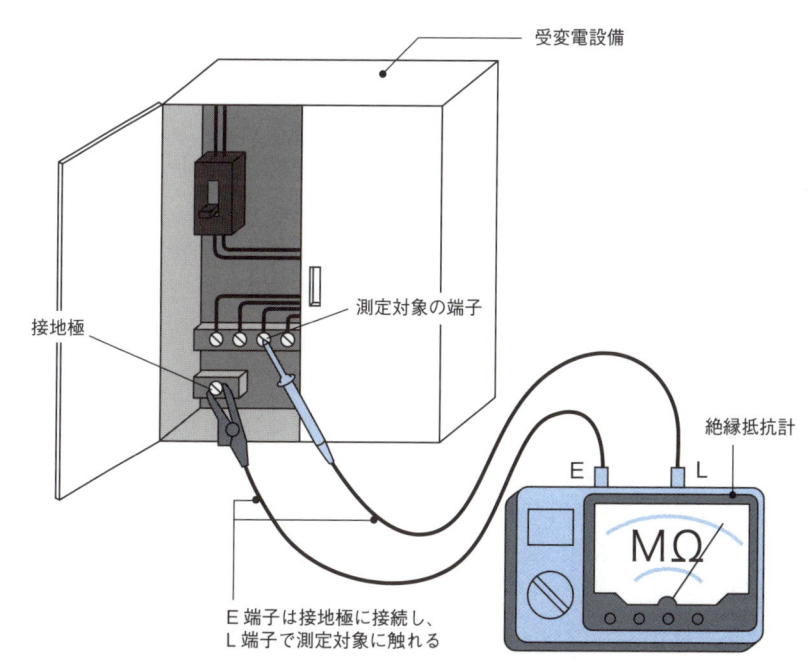

8-4 接地抵抗計

●接地とは

　接地抵抗計は電気機器と大地との間の抵抗を測定するための工具です（図8-4-1）。電気機器と大地との間の抵抗を接地抵抗と言います。仮に漏電した電気機器に人が触ると電流が体に流れますが、接地抵抗が低いと電気機器から漏電が起こったときに地面に電流が逃げやすくなり、触ったときの危険が減少します。そのため、接地抵抗をなるべく低く抑えるような接地工事が必要になります。

　接地を行うための工事を接地工事と言い、A種からD種までの4種類があります。このうち一般的な電気工事でよく利用されるのはC種とD種です。A種からD種まで求められる接地抵抗値が異なっており、接地工事を実施する際は接地極と大地の間の抵抗値が決められた値以下になっているかを測定します（表8-4-1）。

●接地抵抗計の使い方

　接地抵抗計は、先端に端子の付いた3本のコードを本体に接続して使います。測定対象に合った接地抵抗計を使用してください。

　測定を行う前に、0Ωを測定した際にきちんと0Ωと測定されるよう調整を行います。この作業をゼロ点調整（ゼロアジャスト）と呼びます。設定の方法は機器によって異なりますが、0Ωの状態は3本のコードをお互いに接触させることで実現できます。

　接地抵抗の測定にあたっては、測定を行う接地極と、そこから一直線上に位置する2つの補助接地極を接地抵抗計の3つの端子と接続して、表示される値を読み取ります。ここで接地極とは、電気機器を大地とつなぐための電極のことをいい、多くの場合、地面に埋没させます。補助接地極は設定抵抗を測定するために設置された電極になります。床面がコンクリートなどのため、補助接地極が設置できない場合などには、接地抵抗計の端子のうちの2

本を短絡させ、それを建物の鉄骨に接続する簡易測定が行われる場合もあります。

●電気設備の点検での測定

接地工事の実施時だけでなく、電気設備の点検でも接地抵抗の測定を実施します。点検における測定は接地端子盤から行われるのが一般的です（図8-4-2）。接地端子盤とは、接地端子が中継されてひとつにまとまった箱であり、1箇所で各箇所の接地抵抗値を測定することができます。

図 8-4-1 接地抵抗計

A種からD種まで接地抵抗測定ができる機種もある
（写真提供：日置電機株式会社）

表 8-4-1 4種類の接地工事

接地工事	機械器具の区分	接地抵抗値
A種接地工事	高圧用	10 Ω以下
B種接地工事	低圧電路と高圧電路が接触する際	計算値（※）
C種接地工事	300Vを超える低圧用	10 Ω以下
D種接地工事	300V以下の低圧用	100 Ω以下

※ 150÷特別高圧の電路の一線地絡電流
　一線地絡電流：電路の一線が地面と接触した際、地面側に流れる電流

図 8-4-2 電気設備の点検時における接地抵抗計の使い方

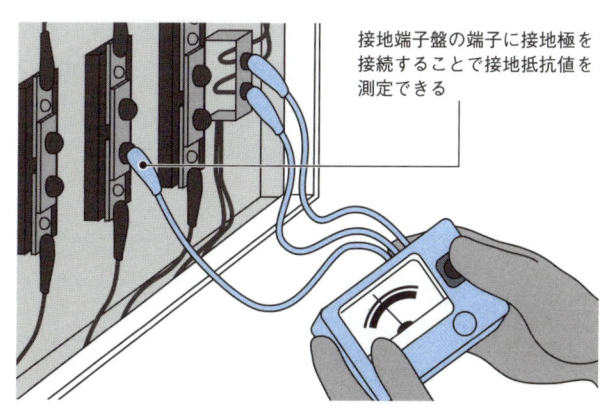

接地端子盤の端子に接地極を接続することで接地抵抗値を測定できる

8-5 高圧・低圧検電器

●安全な作業のための必需品

　検電器は、電気機器や電気回路に電気が通っているかどうかを確認するための機器です（図8-5-1）。電気工事や点検は、原則として対象となる電気回路を停電させた状態で実施します。しかし、もし回路の一部に電気が通っていて、作業者がそのことに気づかずに触れてしまえば感電事故につながります。作業者の生命を守り安全に作業を行うためには検電器による確認が欠かせません。

●検電器の種類

　検電器は測定する電圧によって、高圧用、低圧用、高圧・低圧兼用、特別高圧用などの種類があります。このうち高圧・低圧兼用の検電器は電気工事において幅広く活用できます。
　本体が伸縮するタイプの検電器は、高圧の測定時に先端を長く伸ばすことで高圧部に手を近づけることなく安全な測定が可能です。多くのものは交流専用ですが、ソーラバッテリ工事などに使用する直流対応のものもあります。

●検電器の使い方

　測定にあたっては、検電器の握り部分を持ち、検電器先端の検知部を電線の上から押し当てます（図8-5-2）。とくに被覆電線の場合は、検知部全体をしっかり接触させないと正しく検知されません。電気が通っていた場合には警報音や光で通知されるので、ただちに工事を中止して原因究明を行ってください。
　安全に検電を行うためには、開閉器の状況や表示灯、回路図などから対象となる回路の状態を事前によく確認しておくことも重要です。また、高圧部に手を近づけて検電する場合は必ず絶縁ゴム手袋（1-5参照）を着用します。雷発生時は検電を中止し、雨の中での検電も極力避けるようにします。また、

検電器は作業者の安全確保のための工具であるため、定期的に耐電圧検査を行うことが重要です。

図 8-5-1　高圧・低圧検電器

電池切れや破損には常に注意しておく

電気が通っていた場合、光と音で知らせる

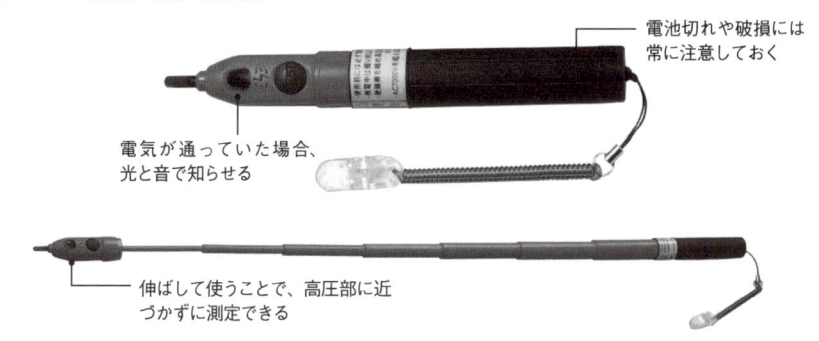

伸ばして使うことで、高圧部に近づかずに測定できる

（写真提供：ミドリ安全株式会社）

図 8-5-2　高圧・低圧検電器の使い方

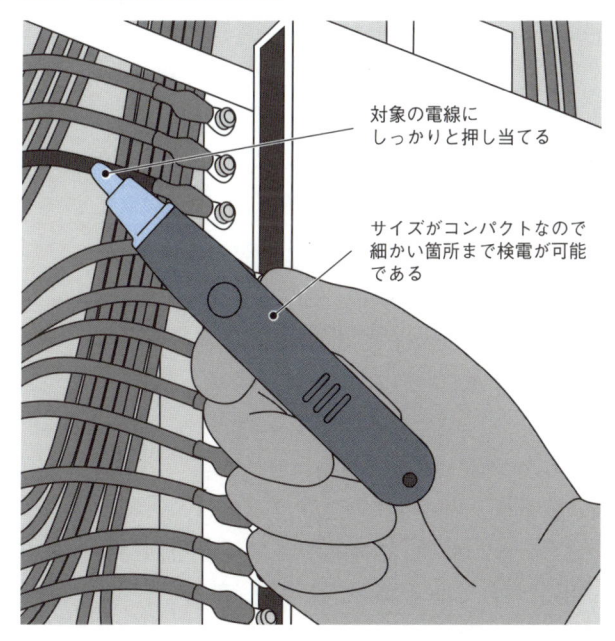

対象の電線にしっかりと押し当てる

サイズがコンパクトなので細かい箇所まで検電が可能である

149

8-6 三相検相器

●電線の位相の状態を確認

三相検相器は、三相3線式の回路において電圧の波形のずれを表す位相の順を確認するための機器です（図8-6-1）。三相式で電力が供給される大型ビルや工場などの電気回路の検査で使用します。

●三相3線式とは

電力会社から電力が供給されるときの送電方式には、単相2線式、単相3線式、三相3線式などの種類があります。相は位相のことであり、線は電線を意味します。たとえば、単相2線式は電線を2本使い、1種類の位相で送電されることを示し、三相3線式は電線を3本使い、3種類の別の位相で送電されることを示します。一般家庭に送電される電力は基本的に単相3線式ですが、大きなビルや工場の電動機など、電力を大量に使用する場所への送電には三相3線式がよく利用されます。

三相3線式はR、S、Tと呼ばれる3本の電線で電気が供給される方式で、それぞれの位相がR、S、Tの順にそれぞれ120°ずつずれています。

●三相検相器の使い方

三相検相器は、本体に3本のコードが接続された構造で、R、S、Tのそれぞれの回路にコードを接続して測定を行います（図8-6-2）。コードの先端はワニ口クリップになっているもののほか、被覆の上から挟むことのできる非接触式の検相器もあります。

検相器を回路に接続すると、本体のランプ点灯によって、回路の順相、逆相、欠相を確認できます。R、S、Tに対応するコードを回路に接続し、RSTの順に120°ずつ位相がずれている場合、順相と呼ばれます。一方、TSRの順に120°ずつ位相がずれている場合、逆相と呼ばれます。また、3本のうち、1つ以上の電線が断線した場合を欠相といいます。

ランプの構成や点灯のルールは機種・メーカーによって若干違いがありますが、R、S、Tの各相を表すランプと順相、逆相を示すランプの2種類の組み合わせで判断するのが一般的です。たとえば、順相またはR、S、Tの順にランプが点灯すれば順相の状態にあり、逆相またはT、S、Rの順にランプが点灯すれば逆相であることがわかります。また、欠相がある場合にはR、S、Tのうち欠相のランプが消灯します。

図 8-6-1　三相検相器

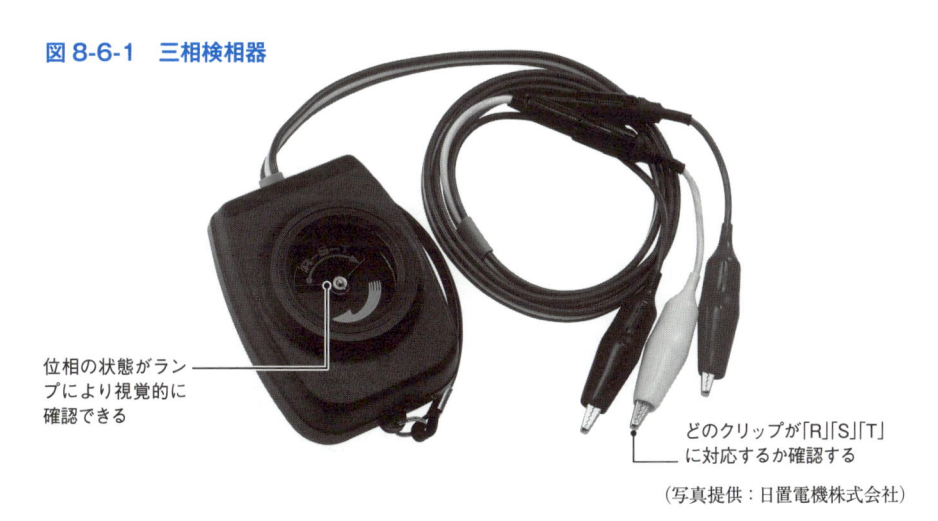

位相の状態がランプにより視覚的に確認できる

どのクリップが「R」「S」「T」に対応するか確認する

（写真提供：日置電機株式会社）

図 8-6-2　三相検相器で位相を調べる

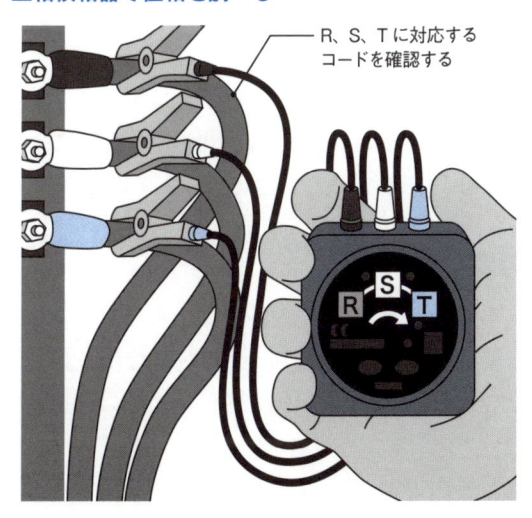

R、S、Tに対応するコードを確認する

8-7 レーザ墨出し器

●配管・配線作業に使用

　レーザ墨出し器は、電気工事に限らず建築現場では広く使われる機器で、配管などの位置を決める墨出し作業で使用します（図8-7-1）。配線位置を誤れば大きなトラブルにもつながりかねないため、墨出し作業を正しく行い、正確な配線を行う必要があります。

●墨出しとは

　墨出しとは、図面に書かれた情報を、作業現場に作図していく作業のことを言います。墨出しされた情報を元に何をどこに設置するかが決まるため、間違いの許されない作業です。

　墨出しはその名前のとおり、もともとは墨と糸を使って建築現場の梁や柱に印をつける作業でした。また、コンクリートに墨出しをする場合には墨の代わりにチョークを使用することもありました。近年は墨の代わりにレーザを使用するレーザ墨出し器で作業するのが主流になっています。

　電気工事における墨出し作業は、配管や屋内の配線、照明器具や分電盤の位置などを図面どおりに配置するために行います。墨出し器を使用せず、天井面などから寸法を測って位置を決めることもできますが、規模の大きな建物などでは非常に時間がかかります。レーザ墨出し器を使うことで、スムーズで正確な作業が可能になります。

●レーザ墨出し器の使い方

　レーザ墨出し器は、本体からレーザ光を照射して天井や壁面に水平や垂直のラインを表示するしくみです（図8-7-2）。照射されたラインをもとに配管などの設置位置に印をつければ、広範囲の作業もスムーズに行うことができます。

　レーザ墨出し器には、屋内専用、屋外専用、屋内外兼用などの種類がある

ので、使用場所に合わせて適切なものを選択します。レーザ光の照射方向は、水平・垂直の両方に対応したもののほか、いずれか一方だけのタイプもあり、レーザの色には赤や緑などがあります。

　また、明るい場所などでレーザ光が確認しづらい場合には受光器と呼ばれる機器を使ってレーザ光の位置を確認することもあります。

図8-7-1　レーザ墨出し器

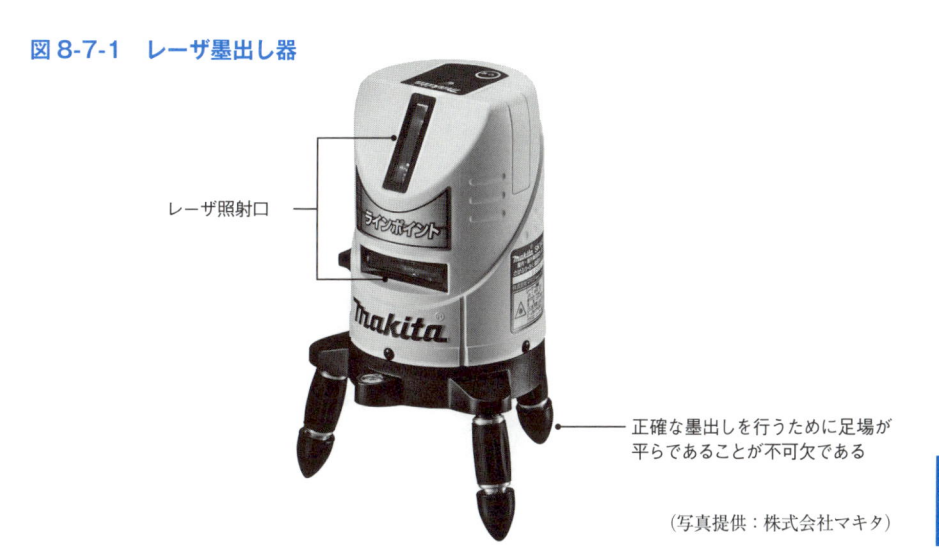

レーザ照射口

正確な墨出しを行うために足場が平らであることが不可欠である

（写真提供：株式会社マキタ）

図8-7-2　レーザ墨出し器の使用場面

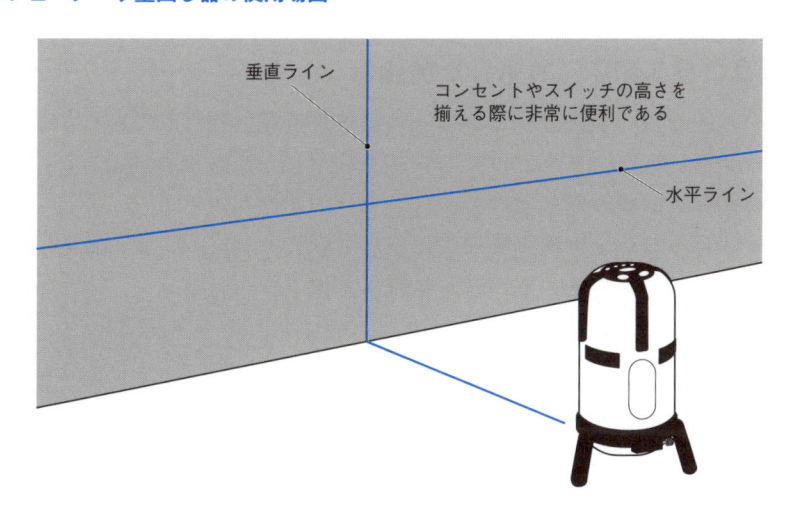

垂直ライン

コンセントやスイッチの高さを揃える際に非常に便利である

水平ライン

8-8 レーザ距離計

●距離の測定を簡単に

　レーザ距離計は、レーザ光を使って壁や天井などからの距離を測定する機器です（図8-8-1）。巻き尺などでは測定が難しい長い距離もスムーズに測定できるため、電気工事に限らず建築や工事の現場で幅広く使用されています。

●レーザ距離計の使い方

　電気工事で使用されるレーザ距離計は多くの場合、レーザを照射するボタンのほか加算・減算を行うボタン、面積や体積の測定に使用するボタン、測定基準の設定ボタンなどで構成されています。水平や垂直の距離を測定するときは、本体前面から対象物に向けてまっすぐレーザを照射します（図8-8-2）。

　また、加算・減算ボタンを押しながら複数の距離を続けて測定することで、測定した距離同士を加算したり減算したりすることも可能です。さらに、機種によっては水平や垂直の距離を測定するだけでなく面積や体積の測定も可能です。

●ピタゴラス測定に対応した機器も

　レーザ距離計の中には、ピタゴラス機能が搭載されたものもあります。ピタゴラス機能とは、ピタゴラスの定理を利用して距離を測定するもので、離れた場所から距離や高さを測定するときに便利な機能です。

　たとえば、建物外壁の高さや屋根の幅、傾斜などは、水平や垂直の位置から直接レーザを当てることができません。そのような場合に、測定可能な箇所の長さから目的の長さを自動計算するときに使用します（図8-8-3）。ただし、ピタゴラス測定は推定距離を計算するものなので、実測値と比較した場合には誤差が発生します。

図 8-8-1　レーザ距離計

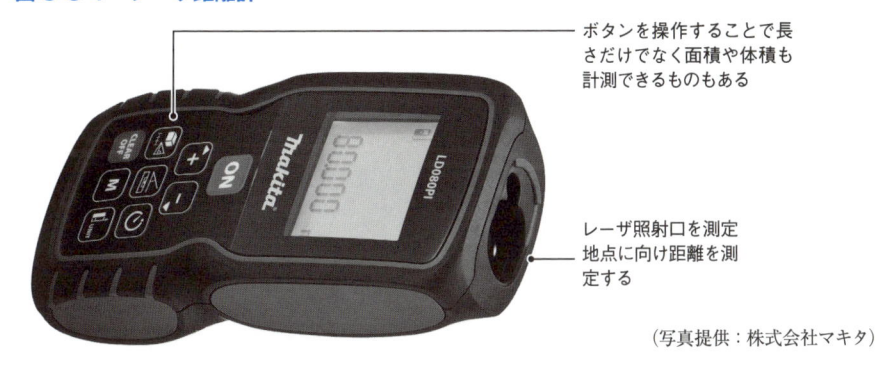

ボタンを操作することで長さだけでなく面積や体積も計測できるものもある

レーザ照射口を測定地点に向け距離を測定する

（写真提供：株式会社マキタ）

図 8-8-2　レーザ距離計で距離を測る

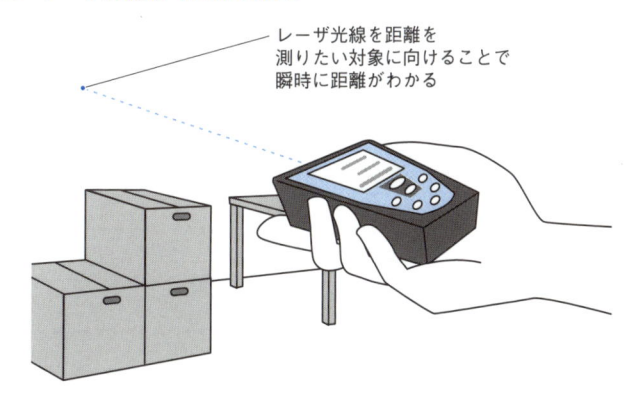

レーザ光線を距離を測りたい対象に向けることで瞬時に距離がわかる

図 8-8-3　ピタゴラス測定の仕組み

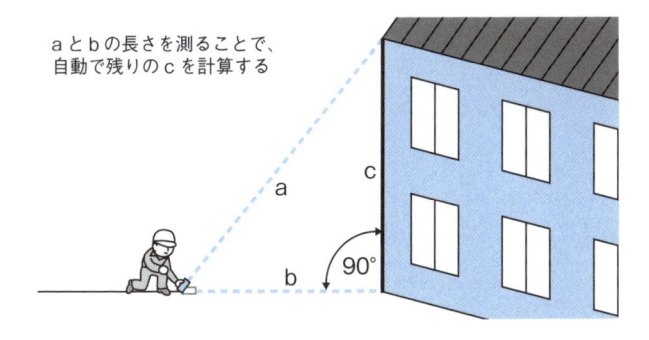

aとbの長さを測ることで、自動で残りのcを計算する

8・計測器

❗ 電気の単位

電気を扱ううえで接する電気の単位は以下の表のようになっています。それぞれの単位についてきちんと整理して、深く理解しましょう。

名称	よく用いられる記号	単位	大まかな意味
電圧	E	V（ボルト）	電気を流そうとする圧力
電流	I	A（アンペア）	電気が1秒間に流れる量
抵抗 （レジスタンス）	R	Ω（オーム）	直流での電気の流れにくさ
リアクタンス	X	Ω（オーム）	交流での電気の流れにくさ
インピーダンス	Z	Ω（オーム）	直流、交流の電気の流れにくさ
電気容量 （キャパシタンス）	C	F（ファラッド）	電気を蓄えられる量
自己インダクタンス	L	H（ヘンリ）	回路の電流変化と自分自身に生じる起電力との間の比例定数
相互インダクタンス	M	H（ヘンリ）	回路の電流変化とほかの回路に生じる起電力との間の比例定数
周波数	f	Hz（ヘルツ）	交流電圧や交流電流などが1秒間に振動する数
周期	T	s（秒）	1回の振動に要する時間
波長	λ	m（メートル）	1回の振動で波が進行する距離
電力	P	W（ワット）	1秒間の電気エネルギー量

第9章

その他

これまでに説明した工具のほかにも、
電気工事の現場で見かける工具はたくさんあります。
本章では、パイプ加工に用いられる工具や
現場環境を整える工具など、
電気工事をサポートする重要な工具について紹介します。

9-1 ガストーチランプ

●合成樹脂管の曲げ加工に

　ガストーチランプは、電気工事の現場では合成樹脂管の曲げ加工に使用します。電線管に使用する合成樹脂管は、可とう性のあるものと可とう性のないものに分類されます。ここで、可とう性とは物質の変形のしやすさを示します。可とう性があるといった場合、そのままの状態で曲げてもひびが入らずに曲げることができますが、可とう性がないといった場合、そのままで曲げてしまうとひびが入ってしまいます。そのため、可とう性のない硬質ビニル電線管（VE管）を曲げるときは管を炎であぶって加熱し、柔らかくしてから加工する必要があります（図9-1-1）。

●ガストーチランプの使い方

　ガストーチランプは、本体にガスボンベなどの燃料供給装置を取り付けて使用します。本体にボンベなどをしっかり取り付けたら、ハンドルを回してガスを出し、点火ボタンを押すと火口から炎が出ます（火を近づけて直接点火するものもあります）。

　ガストーチランプが点火したらそのまましばらく様子を見て、炎の状態が安定してから樹脂管の加熱を行ってください。このように使用前に行う予備加熱のことをプレヒートと言います。プレヒート作業により、気化していない霧状のガスが出ることを防ぎます。

●合成樹脂管工事の注意点

　合成樹脂管は、施工場所や工事種別を問わず様々な現場で使用できます。また、部材が軽く電気的絶縁性にも優れているので、電気工事においても多用されます。ただし、金属管のように機械的強度がないため重量物の圧力を受ける場所や、激しい衝撃を受ける可能性がある場所には使用できません。また、管の厚さは2mm以上、支持点間の距離は1.5m以下、管相互の接続

では差し込み深さは管の外径の1.2倍以上、曲げ半径は管内径の6倍以上になるように電気設備技術基準で定められています（図9-1-2）。

　合成樹脂管工事では、合成樹脂管の付属品も合成樹脂製のものを使うのが一般的です。ただし、金属製のボックスに接続する場合は、ボックスにD種接地工事を施す必要があります。

図9-1-1　ガストーチランプで電線管を加熱する

点火ボタン
火口
ハンドル
ガスボンベ

ツマミを回すことで火力を調整する
合成樹脂製の電線管を加熱して、曲げ加工しやすくする

（写真提供：新富士バーナー株式会社）

図9-1-2　合成樹脂管工事の注意点

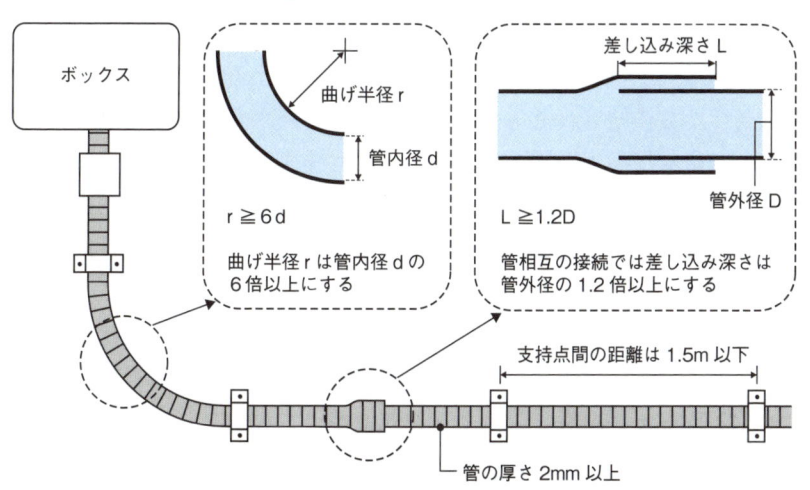

ボックス

曲げ半径r
管内径d
r ≧ 6d
曲げ半径rは管内径dの6倍以上にする

差し込み深さL
管外径D
L ≧ 1.2D
管相互の接続では差し込み深さは管外径の1.2倍以上にする

支持点間の距離は1.5m以下
管の厚さ2mm以上

9-2 張線器

●電線をたるみなく張る

　張線器は電線などの線材をたるみなく張るために使用する電設工具です（図9-2-1）。張線器のつくりはメーカーや種類によって多少違いがありますが、鉄製のハンドルの両側に巻ワイヤおよび尻手ワイヤが配置され、巻ワイヤ側にはカムラとよばれる金具が取り付けられているのが基本的な構造です。張線器を使用すると、小さな力でしっかりと線材を張ることが可能になります。線材を張る以外でもフェンス張りや重量物の移動にも使用することができます。

　まず、電柱などの支柱に尻手ワイヤを引っかけます。次に、カムラに電線などの線材をある程度張られた状態で挟みます。張線器のハンドルを左右に動かすことで、カムラと本体をつなぐ巻ワイヤが本体に巻き込まれ、たわんでいた線材がぴんと張られていきます。張られた状態のままで線材を支柱につなげば、張線器を外しても線材は張られた状態を維持します（図9-2-2）。強く張りすぎて線材が損傷することがないよう気を付けましょう。

●架空地線の工事で使用

　張線器は電気工事においては電線や架空地線を張る際に使用します。

　電力会社から供給された電力は、高圧配線電路から分岐して電力の利用者が所有する自家用高圧受電設備に引き込まれます。この引込線には、電柱により電線を通す高圧架空線引込と地中に電線を通す高圧地中線引込の2種類があり、このうち高圧架空線引込は電線が空中を通るため、雷対策を施すことが必要です。

　その雷対策として架空地線を使う方法があります。架空地線とはグランドワイヤともよばれ、雷雲による静電誘導や、雷の直撃、誘導雷といった雷の影響から架空配電線路を守るために線路の最上部に取り付けるものです（図9-2-3）。

図 9-2-1　張線器

- 尻手ワイヤ
- カムラ
- 巻ワイヤ
- ハンドル

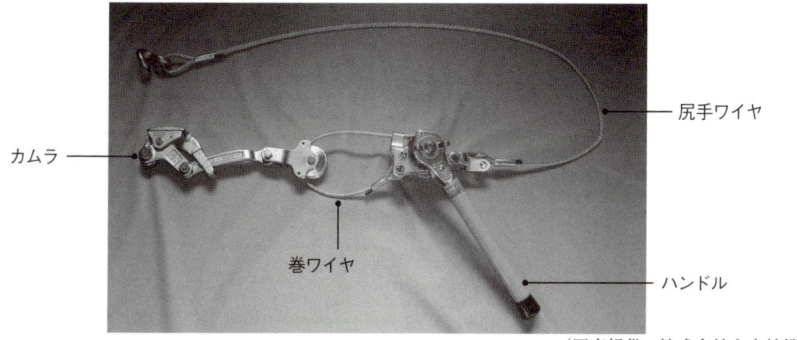

（写真提供：株式会社永木精機）

図 9-2-2　張線器で電線を張る

- 支柱に尻手ワイヤを引っ掛ける
- カムラに線材を挟む
- 巻ワイヤ
- 本体ハンドルを左右に動かすことで巻ワイヤを巻き込む

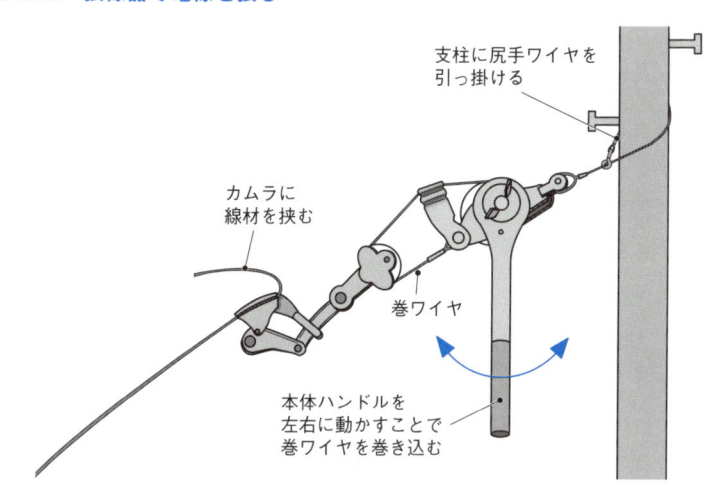

図 9-2-3　架空地線

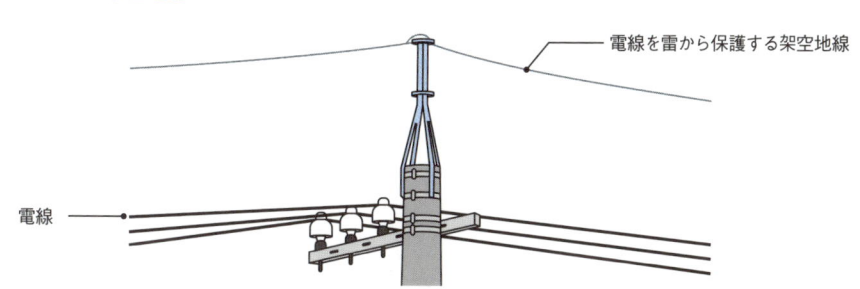

- 電線を雷から保護する架空地線
- 電線

9・その他

161

9-3 パイプバイス

●パイプバイスとは

　パイプバイスは配管などの工作中に、パイプがずれないように抑えるバイス（万力）のことです。配管などで使うパイプの口径はそれほど大きくなくても長さがあります。そのため、たった1箇所の加工でもパイプ全体をしっかり支える必要があります。パイプを加工する作業のときは、パイプバイスでパイプをしっかり固定して作業にあたる必要があります。

●パイプバイスの使い方

　パイプを固定するための道具にはパイプバイスのほかに、チェーンを利用するチェーンバイスがあります。（図9-3-1）。

　パイプバイスは一般的な万力のようにネジでパイプを締め付けることを基本にしています。パイプの締め付けがネジなので調整に少し手間がかかりますが、しっかりと固定することができます（図9-3-2）。

　チェーンバイスは、パイプにチェーンを巻きつけ、チェーンを締め付けることで固定します。巻きつけてしまえばそれを締めるだけなので、調整は簡単です（図9-3-3）。

　作業場での作業なら、パイプバイスを安定した土台で固定してもよいですが、現場で急きょパイプの長さを変更したりネジを切ったりすることが必要になった場合は、移動式のパイプバイスが必要になります。その場合は、足場が悪くても安定感のある脚付きのパイプバイスを利用します。

　パイプは地面に対して平行な状態で加工したほうがミスも少なくなります。また、2脚以上のパイプバイスでパイプをしっかり押さえつけることにより安定感が増します。

図 9-3-1 パイプバイスとチェーンバイス

パイプバイス

ネジで締め付けることによりパイプを固定する

パイプにチェーンを巻き付けることでパイプを固定する

チェーンバイス

脚は折り畳んで持ち運べる

（写真提供：レッキス工業株式会社）

図 9-3-2 パイプバイスの使い方

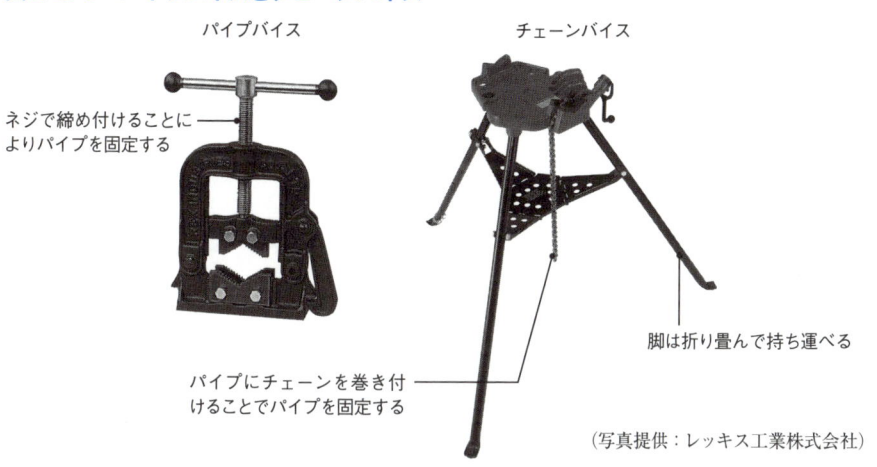

パイプが破損しないように、加える力は加減する

パイプが転がらないので、切断などの作業がしやすい

図 9-3-3 チェーンバイスの使い方

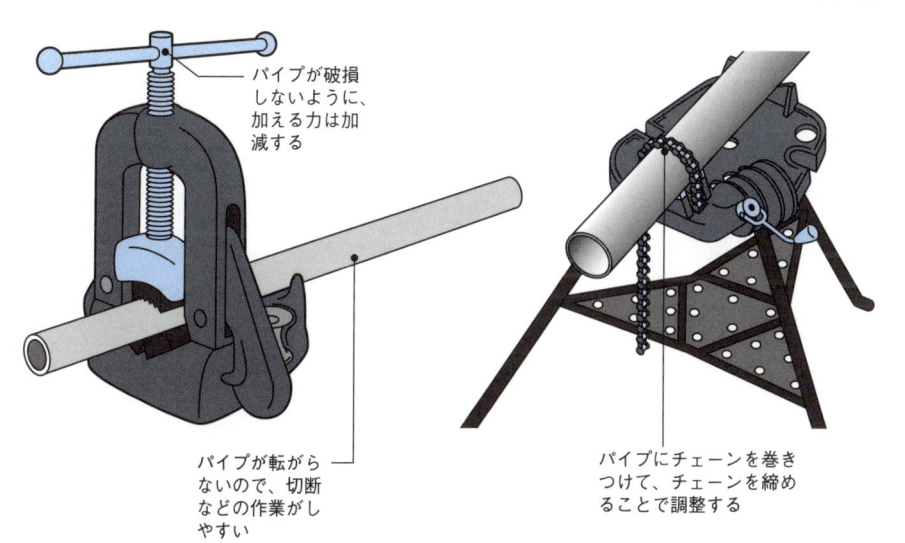

パイプにチェーンを巻きつけて、チェーンを締めることで調整する

9・その他

9-4 高圧用ゴムシート

●ゴムシートは重要な絶縁体

電気工事の現場において高圧用ゴムシートは忘れてはならない道具のひとつです(図9-4-1)。ゴムシートを使うことで高圧箇所を絶縁し、感電の危険を防ぐことができます。

高圧用ゴムシートは作業中、高圧部分まで一定の距離しか取れないときなどに接触による感電を防ぐために利用します。ゴムシートを電路、充電部またはフレームパイプ、支持金物、金網などに取り付けることで作業員の安全を守ることができます(図9-4-2)。

●使用前の点検

高圧ゴムシートは安全になくてはならないものです。そのため、使用前の点検は欠かしてはいけません。シート使用前にはシートを折り曲げて、切り傷やひび割れなどがないかを確認してからシートを掛けるようにします。

労働安全衛生規則351条によれば、ゴム手袋やゴムシートは6箇月ごとに絶縁性の自主検査を行い、その結果は3年間保管されることになっています。

●使用上の注意

安全性を重視するため使用の際には以下のような注意点を守る必要があります。

(1) シート取り付けには活線用ゴムひもやシートクリップなど、絶縁性の高い留め具でしっかり固定すること。
(2) 湿気やちり、埃が付着したままで使用しないこと。
(3) 充電部への高圧用ゴムシートの着脱は絶縁用保護具を身につけて行うこと。
(4) 長期間にわたる取り付けは控えること。
(5) 運搬にあたっては損傷を防ぐために、専用の高圧用ゴムシート収納袋を

使用すること。

図 9-4-1 高圧用ゴムシート

必要な大きさにカットして使うこともできる

使用前には切り傷やひび割れがないか必ず確認する

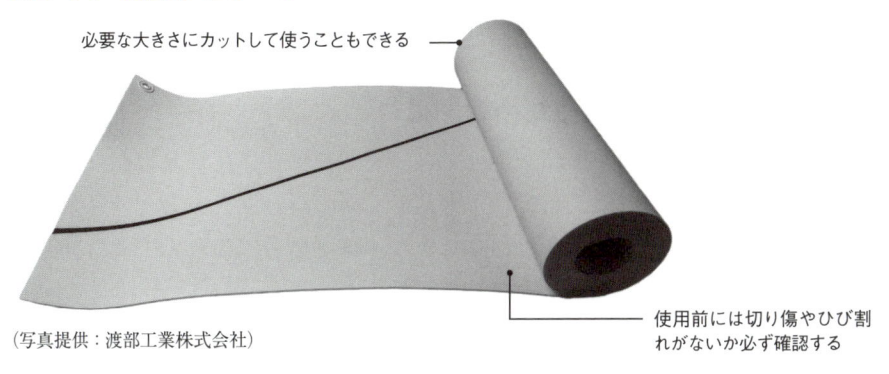

（写真提供：渡部工業株式会社）

図 9-4-2 ゴムシートで危険な箇所を覆う

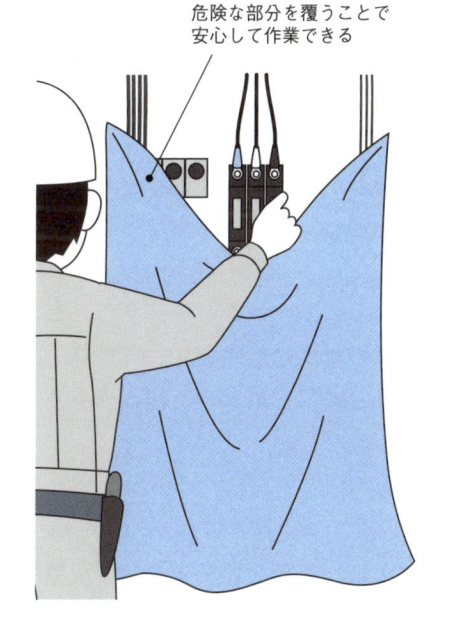

危険な部分を覆うことで安心して作業できる

危険な場所はあらかじめ全体をゴムシートで覆っておく

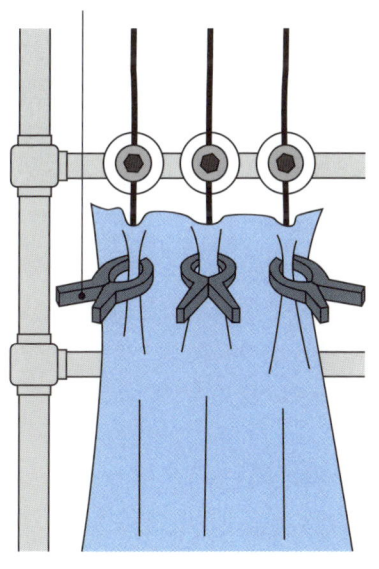

9・その他

9-5 伸縮足場台

●安全に高所作業を行うための足場

　伸縮足場台は天板部や脚部を伸縮でき、通常の脚立に比べ天板部分が広くとられた足場です。電気工事では、天井や壁面の高い位置、あるいは天井裏など高所での作業がとても多くなります。伸縮足場台はこれらの高所作業を安全に行うための道具です（図9-5-1）。

　通常の脚立の場合は天板部分が非常に小さいため、作業中に移動するには一旦脚立から降りる必要があります。伸縮足場台は、天板部分が広いため移動しながらの作業が可能です。また、天板と脚はともに長さの調整ができる伸縮式なので、作業スペースに合ったサイズの足場を設置できます。

●伸縮足場台の使い方

　伸縮足場台は脚部分を折りたたんで持ち運べる構造になっています。まず、天板部分を下にした状態で床に置き、折りたたんである脚を立て、天板部分を左右から引いて作業スペースに合わせた長さで固定します。続いて、脚を必要な長さまで伸ばしてロックをかけて固定したら、本体をひっくり返して設置します。

　使用前にはすべてのロックが確実にかけられていることを確認し、ビニル製の床材やタイルなどの滑りやすい場所への設置は避けます。作業終了後は設置時と逆の手順で、ロックを外して天板と脚部を縮ませた後、脚をたたみます。

●伸縮足場台のメリット

　脚部分を長く伸ばすことで、室内に置かれた家具などをまたいで設置することも可能です（図9-5-2）。また、4本の脚部分が個別に長さ調整できるタイプは、設置する床に段差がある場所でもその部分の脚だけを短くすることで天板をフラットな状態に保てます。

作業用の足場板にはこのほかに、固定式のものやキャスタ付きのもの、天板に作業者の転落を防止する手すりを取り付けできるタイプなど多くの種類が存在します。工事の規模や作業場所などに応じて適切に使い分けます。

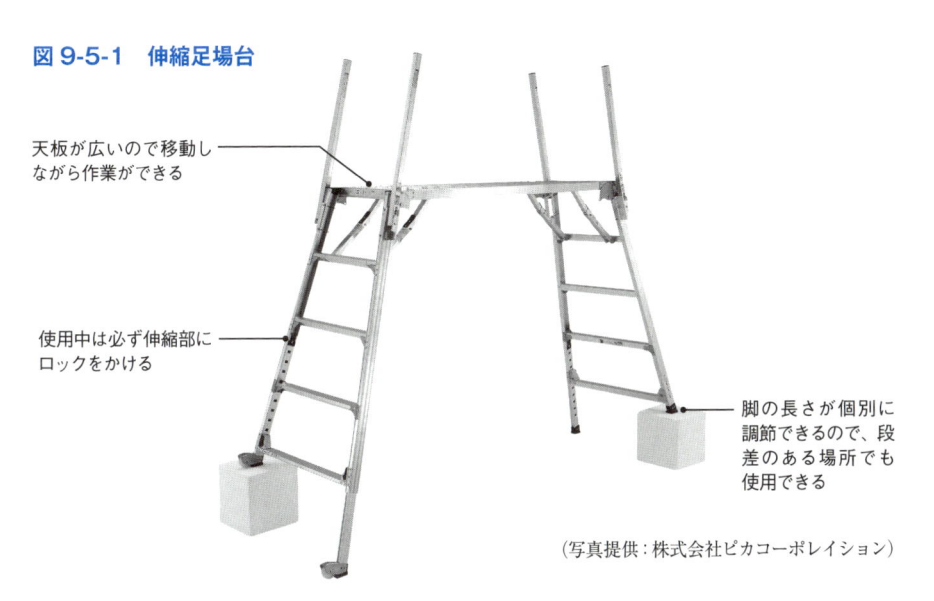

図 9-5-1　伸縮足場台

- 天板が広いので移動しながら作業ができる
- 使用中は必ず伸縮部にロックをかける
- 脚の長さが個別に調節できるので、段差のある場所でも使用できる

（写真提供：株式会社ピカコーポレイション）

図 9-5-2　室内で伸縮足場台を使う

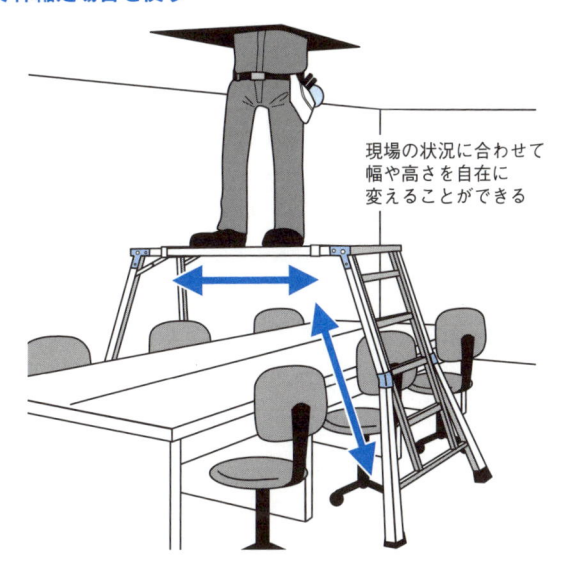

- 現場の状況に合わせて幅や高さを自在に変えることができる

9-6 工具の整理と保管方法

●工具の手入れ方法

　工具を常に安全で快適に使うには、日頃の手入れが非常に重要です。作業が終了したら、工具の汚れを布などで落とし、キズや欠損などがないか確認を行います。細かい部分の損傷を確認する場合は、ルーペを使用すると便利です。

　ペンチやニッパをはじめ、電気工事に使用する工具は可動部を持つものが非常に多いことも特徴です。工具の摩耗を防ぎ動きをなめらかにするため、必要に応じて油をさします（図9-6-1）。ゴミや切粉が残ったまま油をさすと、オイルとゴミなどが混ざった状態のまま残ってしまうため、油をさす際はあらかじめ汚れをしっかり取り除いておきます。

　また、切れないままの工具を使い続けることは、怪我につながる可能性もあるため、電動工具や切削工具で刃先の交換が可能なものは適宜交換を行います。計測機器類は定期的に校正を行って、正確な計測ができる状態を維持します。

●工具の整理方法

　工具はきちんと整理して保管することも大切です。工具を探すことに時間を取られて作業が停滞するのは非効率です。必要なものを必要なときにすぐに使える状態にしておくことは、仕事の無駄をなくすためにも非常に重要です（図9-6-2）。

　保管方法は、ツールボックスを使ったり、専用のラックを用意したり、あるいは作業者車両のトランクに棚などを設置して収めたりと様々ですが、いずれの場合もどこに何があるかを把握できる状態にしておくことが重要です。

　小さな工具はツールボックス内の仕切りなどを使って種類ごとに分類すると、きれいに収納できます。ツールボックスの底面にマットを敷けば、箱の中で工具が滑ることを防止できます。

図 9-6-1　工具の手入れ

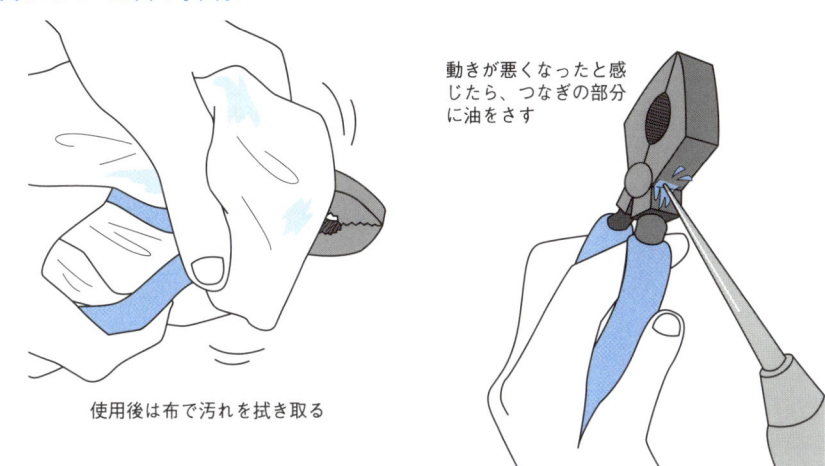

使用後は布で汚れを拭き取る

動きが悪くなったと感じたら、つなぎの部分に油をさす

図 9-6-2　工具の整理

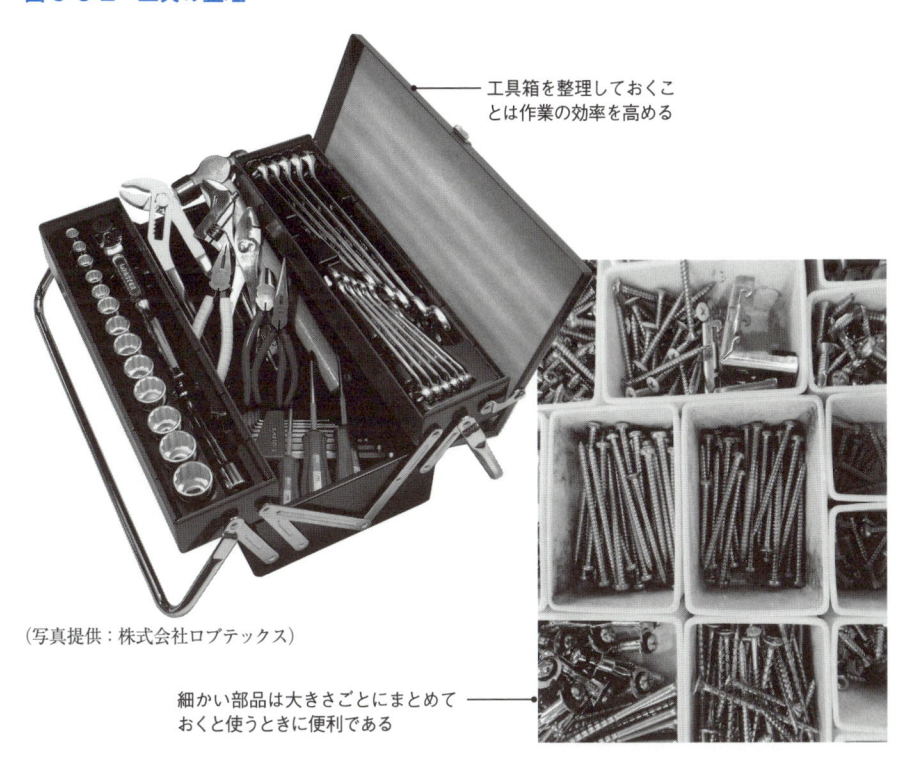

工具箱を整理しておくことは作業の効率を高める

（写真提供：株式会社ロブテックス）

細かい部品は大きさごとにまとめておくと使うときに便利である

用語索引

英字

ANSI 配管	96, 98
AWG	93
A 呼称	96, 98
B 呼称	96, 98
E 端子	144, 145
F ケーブル	60
JIS	14, 26, 88
JIS 配管	96, 98
LED 照明	126
L 端子	144, 145
M バー	86, 87
sq	93
SV ケーブル	62
VA 線	60
VVF 線	60, 61, 68
VVF 線ストリッパ	60, 61, 68
VVR 線	62, 63

ア行

アース端子	144
あご紐	12
アタッチメント	96, 97
圧縮端子	92
圧着工具	32, 38, 39, 40, 41, 64, 90
圧着端子	38, 39, 40, 90
油目	116, 117
荒目	116, 117, 118
安全靴	14, 15
安全ストッパ	69
安全帯	16, 17
位相	150
インパクトドライバ	100, 101
インピーダンス	156
隠ぺい配線	132
ウォータポンププライヤ	32, 46, 47, 48, 49
永久磁石	30
エフレックス	68
エミッタ	138
塩化ビニル	62
オービタルサンダ	112, 113
鬼目やすり	116, 117

カ行

懐中電灯	24, 25
架空地線	160, 161
ガストーチランプ	158, 159
ガスボンベ	158
架線電流計	142
カップリング	46, 84
角穴カッタ	110, 111
可とう性	82, 158
可とう電線管	68
金切りのこ	76, 77
曲尺	54
紙やすり	118, 119
カムラ	160, 161
火力発電	30

170

感電	18, 19	極細目	118
基準電位点	144	腰袋	22, 23
逆相	150, 151	コネクタ	52, 53, 64
脚立	166	ゴムシート	164, 165
きり	74, 75	ゴム手袋	18
金属管	76, 78	コンセントボックス	52, 53
空気テスト	18		
グラインダ	112	**サ行**	
クラッチ	102		
グランドワイヤ	160	皿頭	74
クランプメータ	142, 143	三相検相器	150, 151
クリックボール	120, 121, 122, 124	三相3線式	150
蛍光灯	138	三相式	150
軽天	68, 86	サンダ	112
ケーブル	36, 44, 54, 68	サンディングディスク	112
ケーブルキャッチャ	132, 133	サンドペーパー	112
ケーブルグリップ	130, 131	シーリングライト	126
ケーブルスライダ	134, 135	紫外線	138
ケーブルワイヤ	130	事業用電気工作物	56
欠相	150, 151	ジグソー	106, 107
原子力発電	30	自己インダクタンス	156
検電器	148, 149	磁束	30
研磨剤	118, 119	周期	30, 156
コイル	30	周波数	30, 114, 156
高圧架空線引込	160	受光器	153
高圧用ゴム手袋	18, 19	順相	150, 151
合格クリップ	64, 65	衝撃緩衝材	12
工業標準化法	88	シリコン	134
硬質ビニル電線管	158	伸縮足場	166, 167
校正	168	心線	34, 36, 40, 42, 44, 45, 58, 64
合成樹脂	12	塵肺	26
合成樹脂管	158, 159	スイッチコネクタ	52, 53
交流電圧	140	スイッチボックス	52
交流電流	142	水力発電	30
交流発電機	30	スケール	32, 54, 55

171

項目	ページ
ステップドリル	124, 125
スパナ	47
スプリングベンダ	80
墨出し	152
正弦波	30
静電気	128
絶縁体	58
絶縁抵抗計	144, 145
絶縁抵抗試験	144
接地	144, 146
接地極	146, 147
接地工事	146, 147
接地端子	144, 145
接地端子盤	147
接地抵抗	146, 147
接地抵抗計	146, 147
接地抵抗値	146, 147
設置灯	24, 25
ゼロ点調整	146
全ネジ	108
全ネジカッタ	108, 109
線路端子	144, 145
相互インダクタンス	156
送電線	10
測定用端子	140
測定レンジ	140
ソケット	66, 67, 70
ソケットレンチ	66, 67, 70

タ行

項目	ページ
ダイカスト	124, 125
ダイス	38, 39, 40, 41, 90, 92
ダウンライト	126, 127
ダウンライトカッタ	126, 127
ダストケース	110
脱水症状	28
単相3線式	150
単相2線式	150
単目やすり	116, 117
チェーンバイス	162, 163
チェーンレンチ	85
地熱発電	30
着装体	12
チャック	120, 121
チャンネル	86, 87
チャンネルカッタ	68, 86, 87
チューブカッタ	78
中目	116, 117, 118
張線器	160, 161
直流電圧	140
直流電流	140, 141, 142
ツールボックス	168
つぼぎり	74, 75
低圧用ゴム手袋	18, 19
抵抗	156
抵抗値	144
ディスクサンダ	112, 113
てこの原理	42, 48, 121, 137
テスタ	140, 141
電圧	140, 156
電気	128
電気工事	10
電気工事士	10, 11, 56
電気工事士技能試験	32, 64
電気主任技術者	56
電気設備技術基準	159
電球	138
電気容量	156
電工ナイフ	32, 34, 35, 36, 37, 44

電工バサミ	68, 69
電工レンチハンマ	66, 67
電線管	76, 82, 84
電灯	138
電動サンダ	112, 113, 118
電動丸のこ	104, 105
天板	166
電流	140, 142, 156
電流センサ	142, 143
電力	156
ドライバ	32, 50, 51, 52
ドリル	102, 120

ナ行

波目やすり	116, 117
ニッパ	32, 62, 63, 68
日本工業規格	88
日本工業標準調査会	88
入線	130, 134
布やすり	118
ネジ	44, 45, 50
ネジなし電線管	84
ネズミ歯ぎり	74, 75
熱中症	28, 29
ノックアウト	82

ハ行

配線カバー	68
配線工事	10, 38
パイプカッタ	68, 78, 79
パイプバイス	162, 163
パイプベンダ	80, 81, 96
パイプレンチ	84, 85

ハイベンダ	136, 137
波長	156
発光ダイオード	24
発電機	114
発電所	30
羽根ぎり	122, 123
バリ	72, 73, 112
番手	118
ハンドドリル	120, 121
半ネジ	108
ハンマ	66
ハンマドリル	102
ピタゴラス測定	154, 155
ビニルシース	60
被覆	34, 58
ファンクションスイッチ	142, 143
フィラメント	138
風力発電	30
不活性ガス	138
複線図	64
複目やすり	116, 117
プライヤ	46
プラスドライバ	50, 51, 52
プリカチューブ	68, 82, 83
プリカナイフ	68, 82, 83
ブレード	106, 107
プレヒート	158
ヘッドランプ	24, 25
ベルトサンダ	112, 113
ヘルメット	12, 13
ペンチ	32, 36, 42, 43, 44, 45, 48
ベンド	84
防塵マスク	26, 27
防塵メガネ	26, 27
帽体	12

173

ホールソー……………………… 94, 124, 125	ユニバーサル……………………………… 84
保護手袋……………………………………… 19	四つ目ぎり…………………………… 74, 75
細目………………………………… 116, 117, 118	呼び径……………………………………… 98
ホルダ…………………………………… 20, 21, 32	
ボルタ電池………………………………… 128	

ラ行

ライン端子………………………………… 144
ラチェット……………………… 38, 70, 71, 84, 121
ラチェットレンチ…………………………… 70, 71
ランダムサンダ…………………………… 112, 113
ランプレセプタクル………………………… 44, 45
リアクタンス……………………………… 156
リーマ…………………………………… 122, 123
リチウム電池………………………………… 24
リングスリーブ……………………… 40, 41, 64
ルーペ……………………………………… 168
レーザ……………………… 152, 153, 154, 155
レーザ距離計…………………………… 154, 155
レーザ墨出し器………………………… 152, 153
労働安全衛生規則……………………… 16, 18, 164
労働安全衛生法………………………………… 14, 16
ロックナット………………………………… 46

マ行

マイナスドライバ………………… 50, 51, 52, 53
巻ワイヤ………………………………… 160, 161
丸頭………………………………………… 74
丸のこ……………………………………… 104
三つ目ぎり………………………………… 74, 75
メガ………………………………………… 144
面取り………………………………………… 72
面取り器…………………………………… 72, 73
木ねじ……………………………………… 74

ヤ行

やすり……………………………………… 116, 117
油圧式圧縮工具…………………………… 92, 93
油圧式圧着工具……………………… 90, 91, 92
油圧式パイプベンダ………………………… 96
油圧式パンチャ…………………………… 94, 95
油圧システム………………………………… 90

ワ行

ワイヤストリッパ……………………… 58, 59, 61

■写真提供

ミドリ安全株式会社、渡部工業株式会社、株式会社マーベル、ジェフコム株式会社、フジ矢株式会社、株式会社重松製作所、ホーザン株式会社、藤原産業株式会社、トップ工業株式会社、株式会社ロブテックス、株式会社スーパーツール、株式会社泉精器製作所、株式会社マキタ、パナソニック株式会社、日立工機株式会社、株式会社バオック、日置電機株式会社、新富士バーナー株式会社、株式会社永木精機、レッキス工業株式会社、株式会社ピカコーポレイション、株式会社 YAMAGIWA

■参考文献

『初歩から学ぶ第二種電気工事士試験』TNJ 研修センター　技術評論社
『平成 27 年度試験版　徹底解説テキスト　第二種電気工事士　筆記・技能』第二種電気工事士教育研究会　実教出版
『第二種電気工事士　らくらく学べる筆記＋技能テキスト』電気工事士問題研究会　電気書院
『電気工事基礎用語辞典　第 3 版』電気と工事編集部　オーム社
『電気工事が一番わかる』常深信彦　技術評論社
『目で見てわかる作業工具の使い方』愛恭輔　日刊工業新聞社
『電気の図鑑』理科教育研究会　技術評論社
『ねじ・機械要素が一番わかる』大磯義和、井上関次、小岩井隆 (著) 大磯義和 (監修)　技術評論社
『半導体レーザーが一番わかる』安藤幸司　技術評論社
『電気設備が一番わかる』五十嵐博一　技術評論社
『電子工作工具活用ガイド』加藤芳夫　電波新聞社
『絵とき百万人の電気工事(改訂版)』関電工品質・工事管理部　オーム社
『絵とき電気工事工具活用マニュアル』武井靖房　オーム社

■ 監修者紹介

松本光春（まつもと・みつはる）

早稲田大学大学院理工学研究科博士後期課程修了。博士（工学）。早稲田大学理工学術院助教、国立大学法人電気通信大学特任助教などを経て、現在、国立大学法人電気通信大学准教授。
2009年エリクソン・ヤング・サイエンティスト・アワード、2011年FOST熊田賞受賞。
著書に『apache事典』（翔泳社・単著）、『次世代センサハンドブック』（培風館・分担執筆）、『電子部品が一番わかる（しくみ図解）』（技術評論社・単著）などがある。
ホームページ　http://www.mm-labo.com/

- 監 修 協 力　　松本友実
- 執 筆 協 力　　腰塚雄壽、酒井麻理子
- 装　　　　丁　　中村友和（ROVARIS）
- 作図&イラスト　田中こいち、武村幸代、下田麻美
- 編 集&DTP　　ジーグレイプ株式会社

しくみ図解シリーズ
電気工事の工具が一番わかる

2015年10月25日　初版　第1刷発行

監 修 者	松本光春
発 行 者	片岡　巌
発 行 所	株式会社技術評論社
	東京都新宿区市谷左内町 21-13
	電話　03-3513-6150　販売促進部
	03-3267-2270　書籍編集部
印刷／製本	株式会社加藤文明社

定価はカバーに表示してあります

本書の一部または全部を著作権法の定める範囲を超え、無断で複写、複製、転載、テープ化、ファイル化することを禁じます。

©2015　ジーグレイプ株式会社

造本には細心の注意を払っておりますが、万一、乱丁（ページの乱れ）や落丁（ページの抜け）がございましたら、小社販売促進部までお送りください。　送料小社負担にてお取り替えいたします。

ISBN978-4-7741-7574-4　C3054

Printed in Japan

本書の内容に関するご質問は、下記の宛先まで書面にてお送りください。お電話によるご質問および本書に記載されている内容以外のご質問には、一切お答えできません。あらかじめご了承ください。

〒162-0846
新宿区市谷左内町 21-13
株式会社技術評論社　書籍編集部
「しくみ図解シリーズ」係
FAX：03-3267-2271